中国第一本专业香水测评年鉴

2011—2012

香水

鉴赏购买指南

300瓶年度最令人动心的香水

金属巧克力／编著

陕西师范大学出版社

编者序

不用香水的女人是没有未来的

Chanel香奈儿的创始人、时尚设计师可可·香奈儿曾经说过：不用香水的女人是没有未来的。这句话听起来有些霸道，但传达着一个十分突出的信息：香水不仅仅是一种时尚品或化妆品，而是任何一个对自我生活和未来有所期许者的必需品。

谈到时尚奢侈品，香水往往会被人们忽略。被称为"伪奢侈品"的香水价格并不昂贵，常见的价格在百元之间，不像箱包、珠宝那样动辄上十万、百万，似乎担不起一个"奢"字。另一方面，多数人更在意视觉的直观体现，一个名包、一只名表更能够体现拥有者的身份，而香水却是无形的。

财富的标志性是我们消费时尚品、奢侈品的第一步需求，而深层的展示性才是对于拥有者来说最重要的价值。奢侈品能够在整个世界传播、流传，并非基于炫耀的心理，它真正的魅力在于那对完美的不倦追求。每一款奢侈品，从设计到制作，对每一个细节极致的雕琢，是人类对自己每一寸生命的雕琢。重要的不是价格，而是蕴含在这个缓慢、反复过程中对自我价值的展示。

直到今天，现代科学依然无法解开人类嗅觉的复杂性，因为在生活中能够接触到的嗅觉元素太少，因此嗅觉的冲击力是最强烈的。抛开小说或普通文字描述中的香水，不要被对香水张扬、诱惑、娇柔、妖媚等传统的认识所束缚。现代香水，靠它对香料强大的控制力，能够渲染出各种效果：清新、浪漫、优雅、稳重、活泼、甜蜜、欢快、娇美……

你的任何一种心情或者你想展示给别人的任何一种情绪，香水都能够模拟出来，并直接的传达给对方。很多时候，通过香水去征服对方，比用语言、动作更快速、有效。不论你是谁，当你要去征服这个世界、征服自己的未来时，香水会帮助你展示出强大的自信；当你一个人独自享受生活时，香水会让周围的环境与你的心情同步；当你希望展示自己的品味、风格时，香水无疑是最好的名片。

所以说香水并不是你生活中可有可无的小情调，而是一种必需品，当你带着骄傲与自信出门时，一定要有一款香水带在身边。

香水发展到今天，已经成为一个十分庞大的消费产业，几乎所有的时尚、化妆品等品牌都会拥有自己的香水，面对琳琅满目的香水往往让人难以抉择，因此，我们特别编辑出版了这本《香水鉴赏购买指南》。

本书是国内第一本专业的香水评测年鉴，共收录300款香水，涵盖115个品牌。书中香水是作者根据市场流行趋势筛选出的部分热门，以及一些重要的经典代表。通过本书让读者更多更丰富地接触到不同时期、不同风格的香水作品。

本书主旨是希望为读者的选购、使用提供参考指南，因此，针对每一款香水，除具体的香味描述和一些趣闻介绍外，还对其适用人群、年龄、场合、季节等特点提出建议。同时，为读者能够更加灵活的找寻喜爱的味道，书中特别加入了作者实测的"香水特性五度评分"。通过"成熟"、"甜美"、"清爽"、"休闲"、"留香"五个角度对香水进行立体分析，每个元素从0-5星分级评价。读者可以从分值中了解到每款香水更全面细致的特点，根据自身需求进行选择及使用。

本书作者金属巧克力是国内知名设计师，花香集香水网创始人，从事香水收藏、研究达十余年。书中全部香水均由作者根据实物实际测评。同时，书中全部图片都由作者实物拍摄，方便读者进行比对购买。此外，根据目前国内市场香水购买方式，特标注有每款产品的网购价格，及部分国内商场专柜价格，全部价格信息截止于2011年3月18日。限于本书出版时限及印刷问题，读者在购买时请以实际价格及实物为准，书中图片、价格仅供参考。

我们希望这是一本精美而实用的书，让您在感受香水魅力的同时，能够选择到真正适合自己的香水，让生活变得的更加精致、美好。

编者谨识

2011年4月

作者序

用两个字形容本书的写作过程——紧张。

前半程精神紧张，毕竟是第一次写书，有点大姑娘出嫁的矜持，非常拘谨；后半程精神包袱放下了，越写越放得开，终究不是什么论文巨作何不轻松些，但时间却又变得紧张起来。随着交稿时间的一次次延后，让我最为紧张的是：出版社会不会追究责任索要赔偿，万一他们不肯让我用香水抵债，我能否选择电影《Le Divorce》里提到的，那个由YSL设计囚服的法国监狱去服刑呢？

其实，这次写作就是一次分享，说说香水，聊聊它们的精彩。香水的魅力在于对嗅觉世界的美化，以及对美好记忆的唤醒。这种美是抽象的，对于拥有不同生活阅历的人来说，感觉往往截然不同。因此，我的评述只是一家之言，仅供参考。希望能对朋友们购香、用香起到一点点实际作用，更希望朋友们能用平常心对待每一个香味，为它们精心挑选一个闪光的时刻。

写后通览，感觉300款香水有些少，700-800款可能更丰富些，但由于书籍容量、整体风格、实用价值、以及时间等等客观因素，不得不作出取舍。风格小众、不便购买且售价高昂的Niche类，每个品牌评论均不超过两款，TDC、Diptyque、Frederic Malle等很多重要品牌甚至完全割舍，万分歉意。幸好我还年轻，这个遗憾留待后续吧。当我的收藏超过2000款的时候，一定会交出更精彩的答卷。这个目标不远了，真的不远了！

分享之后，总是对交流抱有期许，我的博客永远向同道中人打开，相互提点共享芬芳。博客地址：www.iiiparfum.com/metalqkl

书中文字与图片均为辛勤劳动所得，希望能得到朋友们的尊重。对于那些偷人包子，还骂人家肉肥皮厚的同志，我只能给予另一种"祝福"了。

人难免俗，最后感谢：花香集的一众兄弟姐妹，你们是我的坚实后盾；紫图的编辑们，给你们添麻烦了！

金属巧克力

2011年3月14日

香水测评说明

测试说明：

本书涉及三百款香水产品测试工作，在2010年11月-2011年2月完成。

测试环境为12-14平米的两个独立房间，隔日交替使用，定时通风，室内温度21-23℃。所有香水使用相同材质的试香纸，部分重要产品增加皮肤测试，人员固定，男女各一人。

测试中有一些年代久远的产品，味道与新生产的香水可能存在细微差别，同款香水不同浓度版本也可能存在细微差异，属正常现象，请读者以实际闻到的气味为准。

香型香料说明：

书中涉及香型、香料等资料，部分来自品牌官方介绍，部分来自互联网，当出现多种不同的资料介绍时，以官方为准，或通过实物进行对比筛选，选择与实际味道最为接近者。

目前，国内市场上产品与香料的译名存在一些谬误与差异，作者进行了更正与统一，如：Bergamot应译作"香柠檬"，Amber应译作"龙涎香"，Ambergris应译作"天然龙涎香"等。

五度数值说明：

成熟度：指适用人群的年龄范畴；

香甜度：指香味的甜度

清新度：指香味的浓淡程度（数值越大代表越清新，反之则浓郁）

休闲度：指香味适合的大致环境及范围

留香度：综合评论香味的留香时间与强度

购买或使用前应综合考虑各项数值，判断该香味是否适合自己的年龄、职业以及使用环境和季节。建议采用对比法进行参考阅读，感兴趣的陌生香水与数款熟悉的香水数值进行对比，了解两者之间的各项差异。

参考价格说明：

网购价：通过网络或代购购买该款香水的价格参考。

专柜价：该款香水在国内商场专柜的价格参考。

因每款香水不同规格、浓度和版本等差异，以及市场的售价变化，本书中所有价格信息截止2011年3月，仅供参考，购买时应以实际价格为准。

本书涉及的香水浓度说明

EDT：Eau de Toilette的缩写，淡香水。

EDP：Eau de Parfum的缩写，淡香精，也有译作浓香水。

EDC：Eau de cologne的缩写，古龙水。

EDS：Eau de Senteur的缩写，香味水，常见于不含酒精的儿童香水。

Parfum：香精。

目录

A

Acqua di Parma 帕尔玛之水

Alessandro Dell' Acqua 亚历山德罗·戴拉夸

Alfred Sung 阿尔弗莱德·宋

Amouage 爱慕

Anna Sui 安娜苏

Annick Goutal 安霓可·古特尔

Azzaro 阿莎罗

C

Cacharel 卡夏尔

Calvin Klein 卡尔文·克莱恩

Carolina Herrera 卡罗琳娜·海莱拉

Caron 卡朗

Cartier 卡地亚

Castelbajac 卡斯泰尔巴雅克

Cerruti 赛露迪

Chanel 香奈儿

E

H

I

J

K

Loewe 罗意威

Lolita Lempicka 洛丽塔·莱姆皮卡

Lulu Guinness 露露·吉尼斯

M

Marc Jacobs 马克·雅克布

Molinard 莫里纳

Mont Blanc 万宝龙

Morgan 摩根

Moschino 莫斯奇诺

N

Nanette Lepore 娜内特·莱波雷

Versace 范思哲

Viktor & Rolf 维克多·罗尔夫

Vivienne Westwood 薇薇恩·韦斯特伍德

Y

Yves Saint Laurent 伊夫·圣·罗兰

4711

本书阅读导航

书眉

书眉上标注有当页该款香水品牌名的首字母，方便查找。

B Bvlgari 宝格丽

编号

正文中300款香水根据品牌名称首字母排序，编号方便读者查询。

产品名

标注该款香水的英文产品名及国内官方或常见中文译名。

36 1992 男
茶香之源，清雅绿植
Eau Parfumée au Thé Vert
绿茶

香型 柑橘绿植香型
前调 柑橘、香柠檬、橙花、芫荽、小豆蔻、柠檬
中调 保加利亚玫瑰、茉莉、铃兰
后调 绿茶、檀香、麝香、龙涎香、珍稀木材、雪松
网络参考价 230 元 /75ml EDC
零售参考价 750 元 /75ml EDC

成熟 ★★☆☆☆ 2.5　　甜美 ★☆☆☆☆ 1.5
清爽 ★★★★☆ 4.0　　休闲 ★★★★☆ 4.0
留香 ★★☆☆☆ 2.0

点评

当人们还纠结于花、果、东方……调香师 Jean-Claude Ellena 却另辟蹊径将茶引入香水之中。这一创新的举动获得空前成功，以至于 Bvlgari 后来出品的很多香水都有意无意与茶扯上关系。

柑橘的香气拿捏得恰到好处，多一分则辛苦，少一分则平淡。橙花的加入更显柔和。中、尾调保持着新鲜雅致，似茶非茶的绿植青香、花与木只在远处陪衬，带出一丝轻柔甘甜。

绿茶的清雅气质适合各年龄段人群，春、夏、秋三季休闲，正装皆可。

60

产品名

香水信息

每款香水的香型、调性及使用香料。

香水5度测评体系

作者通过实际测试评出五种性能分值，为读者提供更加具体的购买参考。含义见第7页说明。

Bvlgari 宝格丽

香水实拍图

图片由作者实际拍摄，作为读者购买参考。因规格、浓度和版本不同可能存在外型差异，请以实物为准。

年代

该款香水的面市时间。

香水的适用人群

女：女性适用
男：男性适用
中：女、男性适用
童：儿童适用

37 1998 中
醇厚的木质东方香

Black
黑茶

香调 木质东方香型
前调 茶、香柠檬
中调 茉莉、雪松、檀香
后调 皮革、香草、麝香、龙涎香
网购参考价 240 元 /40ml EDT

成熟 ★★★☆ 3.5
甜美 ★★☆☆☆ 2.0
清爽 ★★★☆☆ 2.5
休闲 ★★☆☆☆ 2.0
留香 ★★★☆☆ 2.5

点评

Black 这个名字比较纠结，也许是指外观的黑，也许是指香料里的茶（译作红茶更为贴切）。这款以宝格丽经典珠宝为造型，包裹着一圈黑色橡胶的香水，获得 1999 年 FiFi Award 两项大奖，其中包括"最佳包装设计"。

开场的柑橘味带着少许果皮刺激，迅速被某种油质的闷暖感所掩盖。木质甘甜勉强显现，伴着轻微辛辣，之前的闷感逐渐消退，暖意延续并越发清晰，这才恍然大悟——是龙涎香！香草出现较晚，与前者混合出类似黑巧克力的独特香气。

香味稳重，醇厚却不浓烈。适合秋冬季节，偏成熟人士。

作者点评

根据作者实际测试得出的品评描述，为读者提供选购、使用的具体意见。

61

参考价格

每款香水某规格和浓度的网购价，及部分国内专柜价，供读者参考使用。

A

1 1916 中
意大利古龙水的传世经典

Colonia 克罗尼亚

香型 柑橘香型

香料 西西里柑橘、保加利亚玫瑰、茉莉、
薰衣草、迷迭香、龙涎香、白麝香

网购参考价 700 元 /100ml EDC

专柜参考价 1190 元 /100ml EDC

成熟 ★★⯪☆☆ 2.5　　甜美 ⯪☆☆☆☆ 0.5

清爽 ★★★☆☆ 3.0　　休闲 ★★★☆☆ 3.0

留香 ★☆☆☆☆ 1.0

点评

　　Acqua di Parma 是意式优雅的代表，而第一
款真正的意大利古龙水——Colonia，则是 Acqua
di Parma 最经典的代表。

　　不得不承认，Colonia 并未沾染任何岁月的痕
迹，跨越近百年依然清新难挡。开场真是青苦，夹
杂着微酸，还有一股强劲的薄荷凉意，立刻让我联
想到居家旅行必备良药：风油精。当然了，Colonia
并不是风油精的味道，只是恣意的清凉足够提神醒
脑。片刻之后青苦少了许多，柑橘的酸汁倾倒出
来，混合着少许花香，轻松自在无拘无束。

　　整体气息清凉率直，但略过阳刚，更适合男
士在夏季使用。

前调之王——柑橘属香料

　　提到柑橘属香料，崇敬之心油然而生。虽然在香水中常用的只有橘、橙、柠檬、
柚等几个属种，但它却像檀香、麝香统治尾调一样，牢牢掌控着大多数香水的前调，
一派王者气象。虽然柑橘只是水果中一个微小的组成部分，但在香水的世界里，它
却可以开宗立派，与花香、东方香等分庭抗礼，这份成就足以羞死玫瑰、愧煞沉檀。

　　即使不用香水的人，对柑橘也不会陌生，就是这样一种平易的水果，却同时拥
有酸、甜、苦、青等多种嗅觉信息，或强烈奔放，或清新宜人，时刻传达着阳光般
的炽热情感。

② 2001 中

地中海的夏日阳光

Blu Mediterraneo-Cipresso di Toscana
蓝色地中海系列 - 托斯卡纳柏

香型 木质香型

前调 葡萄柚、罗勒、迷迭香、鼠尾草、苦橙叶

中调 茉莉、铃兰、薰衣草、松树、芫荽、小豆蔻

尾调 雪松、柏木、银松、广藿香、橡树苔、香根草

网购参考价 600 元 /120ml EDT

专柜参考价 950 元 /120ml EDT

成熟	★★⯨☆☆ 2.5	甜美	⯨☆☆☆☆ 0.5
清爽	★★★☆☆ 3.0	休闲	★★⯨☆☆ 2.5
留香	★★⯨☆☆ 2.5		

点评

Blu Mediterraneo 是 Acqua di Parma 更具休闲气息的产品系列。一般以地中海地区特产事物为创作题材，如"卡普里橙"、"西西里杏仁"等。

我曾经掐断柏树的叶尖，轻轻揉出汁液，寻找香料的原始气味。每当喷洒 Cipresso di Toscana，都会唤醒这个记忆。是的，它的前调很像柏树嫩叶散发的青绿香味，带着少许平和的辛辣；中调花香小胜绿植，微微潮湿，似花房内植物呼吸散发的混合气息；尾调是一幅美丽的丛林画卷，阳光穿过树木，丝丝缕缕投射在湿润的苔藓上，清风徐来，树影婆娑，静逸祥和。

清新的混合木质香味，有阳光感，适合夏季，休闲、办公均可使用。

---

3 2001 女

温润柔美的东方花香

Alessandro Dell' Acqua
同名女香

香型 东方花香型

前调 芫荽、香豌豆、天竺葵

中调 玫瑰、牡丹、木槿花

尾调 劳丹脂、乳香、檀香、麝香

网购参考价 210 元 /50ml EDT

成熟：★★★☆☆ 3.0 　　甜美：★★☆☆☆ 2.0
清爽：★★⯪☆☆ 2.5 　　休闲：★★★☆☆ 3.0
留香：★★★⯪☆ 3.5

点评

　　该品牌推出的首款女香，特意聘请了调制过很多热卖产品的名鼻——Olivier Cresp 担纲。Olivier 善于把握流行趋势，富有时尚个性，如：开创"美食香"新天地的 Angel、时尚新宠 Magnifique 等等，请他调香无疑是品质与市场的双重保障。

　　Alessandro Dell'Acqua 花香气息柔美洁净，有较明显的玫瑰痕迹，尾调东方香温暖湿润，淡淡的木质气息增加了一丝稳重的感觉。整体风格优雅精致，留香时间较好，适用年龄较宽泛，适合春、秋两季，冬季在室内使用也有不错的表现。

4 2005 女
娇艳欲滴水感花香

Woman In Rose
玫瑰女人心

香型 绿植花香型
前调 香柠檬、粉胡椒
中调 茉莉、薄荷、小苍兰
尾调 雪松、檀香、麝香
网购参考价 210 元 /50ml EDT

成熟	★★☆☆☆ 2.0	甜美	★★☆☆☆ 2.0
清爽	★★★☆☆ 3.5	休闲	★★★★☆ 4.0
留香	★★☆☆☆ 2.5		

点评

前调是明快清晰的柑橘气息，但果实的酸味转瞬即逝，取而代之的是嫩绿的叶芽清香与雅致微甜的白色花香。独特清澈的水质气息悄然显现，绿叶与花被映衬得更加轻盈通透。

虽然很多资料都把这款香水归为"绿植花香型"，但我感觉更偏向"水质花香"。她的水感清冽明朗，颇似 Bvlgari Aqva Pour Homme，但花香更胜，春夏使用可以营造出一个娇艳欲滴的女性形象。

5 1995 女
灵动愉悦的幸福味道

Forever 永远

香型 花香型
前调 泰莓、李子、牡丹
中调 玫瑰、铃兰、水仙、小苍兰
尾调 檀香、龙涎香
网购参考价 220 元 /75ml EDP

成熟：★★★☆☆ 3.0		甜美：★★★☆☆ 3.0	
清爽：★★½☆☆ 2.5		休闲：★★★☆☆ 3.0	
留香：★★★☆☆ 3.0			

点评

　　创作这本书给我个人带来的最大收益：发掘出以往可能被忽略的好香水。而第一个从"轻视行列"中脱颖而出的，就是这款Forever。

　　测试之前，刚闻了几款时下流行的清新花果香，与 Forever 对比尽皆失色。

　　别致的混合花香贯穿始终，类似梅子的果甜增加了一些俏皮，尾调柔和，余韵绵长。

　　最欣赏的是它的律动感，轻快明亮，由内而外的欢悦之情溢于言表。写到这里不禁想起 Alfred Sung 闻名于世的婚纱，Forever 的味道也许就是幸福在鼻端的完美注脚。

6 2005 女
取悦春夏的甜美芬芳

Jewel 冰钻

香型 花香型
前调 梨、黑醋栗、橙花油
中调 茉莉、橙花、赤素馨花
尾调 椰奶、李子、洋槐
网购参考价 210 元 /50ml EDP

成熟：★★☆☆☆ 2.0　　甜美：★★⯪☆☆ 2.5
清爽：★★★⯪☆ 3.5　　休闲：★★★★☆ 4.0
留香：★★⯪☆☆ 2.5

点评

　　记得初次看到 Jewel 时，不禁联想起大名鼎鼎的《本能》，冰锥狂舞血花四射……

　　它的味道可跟电影没有丝毫联系，反倒是非常欢快。果味开场貌似平淡无奇，很快跳出一丝鲜嫩绿植般的清秀花香，让整体氛围活跃起来。尾调加入偏重美食的甜味，轻柔鲜亮没有沉重感。

　　这款香水甜美清爽，对环境的适应能力强，春夏季节使用可以增加一些活泼开朗的气质。

　　注：本文评述为 Parfum 香精版本。

7 1983 女
花香极品，奢华极致

Gold 金

香型 花香型
前调 铃兰、劳丹脂、银乳香
中调 茉莉、鸢尾、没药
尾调 雪松、檀香、麝香、麝猫香、天然龙涎香
网购参考价 2050 元 /50ml EDP

成熟：★★★☆☆ 3.5　　甜美：★★☆☆☆ 2.5
清爽：★★☆☆☆ 2.0　　休闲：★★☆☆☆ 2.0
留香：★★★☆☆ 3.5

点评

　　奢华的天然原料，充足的资金以及无限自由的发挥空间，让顶尖名鼻 Guy Robert 打造出至高无上的荣耀之作——Gold！这样的创作条件，恐怕也是每位调香师的终极梦想。

　　伊斯兰风格圆尖拱顶和精美雕花装饰闪耀着黄金的炫目光泽，Gold 那极具质感的香瓶散发出浓郁高调的阿拉伯风情。而它的香味，却并不是想象中厚重得化不开的郁闷气息。

　　繁花气势磅礴，东方香料浑厚饱满，两者绵而有力交织出华丽灿烂的金色薄纱，层层轻裹在身，质感交错众花难辨，却又细腻轻盈。乳香熠熠生辉，醛轻轻撩动，更显纷繁绚丽。

　　它高贵而不拒人于千里，华丽气场张弛有度。如使用得当，Gold 绝不是晚宴的专属用香，即使日常生活和工作皆可喷洒。适合25 岁以上知性熟女，春、秋、冬三季使用。

　　注：这款香水诞生之初原名为 Amouage，与品牌同名，后改为 Gold。现在 Amouage 公司的所有香水产品，不再使用经典的阿拉伯风格造型。

8
来自阿拉伯世界的另类时尚

Ciel 天空

| 香型 | 花香型 |

前调 仙客来、栀子花、紫罗兰叶

中调 桃子、茉莉、玫瑰、睡莲

尾调 雪松、檀香、麝香、龙涎香、银乳香

网购参考价 1850 元 /50ml EDP

成熟：★★☆☆☆ 2.0
甜美：★★☆☆☆ 2.0
清爽：★★★☆☆ 3.0
休闲：★★★☆☆ 3.0
留香：★★☆☆☆ 2.0

点评

　　这是 Amouage 香水中最另类的一款，风格上跳跃很大，尝试引入流行的清新花果元素，营造阿拉伯青年男女的时尚新形象。成功与否不敢擅评，但这个价位恐怕不是一般男孩女孩可以接受的。

　　前中调以花果为主，桃子与玫瑰鲜嫩活泼，隐约有睡莲的味道，带来水质的清新感。香如其名，天空般通透明朗。尾调的檀香与乳香质感细腻，温和甘甜，但花果余韵平淡，活力不足。三调拆开来看都很出色，结合一处却稍显生硬。

　　适合年轻女性，春夏季节使用。

9 1999 女
苏氏魅力由此开启

Anna Sui 魔镜

香型 花香型
前调 橙、杏、覆盆子、香柠檬、绿植香调
中调 保加利亚玫瑰、茉莉、鸢尾、铃兰、鸢尾根、花香调
尾调 雪松、檀香、麝香、零陵香豆
网购参考价 240 元 /50ml EDT
专柜参考价 485 元 /50ml EDT

成熟：★★☆☆☆ 2.0　　甜美：★★✭☆☆ 2.5
清爽：★★✭☆☆ 2.5　　休闲：★★★✭☆ 3.5
留香：★★☆☆☆ 2.0

点评

　　Anna Sui 的首款香水，黑与紫，招牌式的色调搭配，充满时尚魅惑的魔幻气息。平心而论，在外观设计上，Anna Sui 做得相当不错，每一款产品都秉承了乖巧、夸张、叛逆摇滚等流行元素，且用户定位明确，一击即中。

　　这款香水有比较明显的香料堆砌感，虽然使用了众多的原料，但缺少明确的思路。前调果香丰盛，甜中隐含一丝青涩。中调的过渡比较柔和，花香逐渐馥郁。玫瑰的粉甜一直延续到尾调，但甜味单薄没有品味空间。

　　与安娜苏其他香水相比，略显清新不足，风格上也存在较大差异。它的推出更像是对市场流行趋势的一次试探，为以后的发展铺路搭桥。

　　适合 25 岁以下女性，在春、秋两季使用。

10

2002 女

花丛中的精灵

Sui Love 蝶恋

香型 花香型

前调 橙、西西里香柠檬、西番莲、日本桂花

中调 粉胡椒、白玫瑰、埃及茉莉、晚香玉、睡莲、意大利紫罗兰、橙花

尾调 香草、肉豆蔻、麝香

网购参考价 210 元 /50ml EDT

专柜参考价 485 元 /50ml EDT

成熟：★☆☆☆☆ 1.5　　甜美：★★☆☆☆ 2.5
清爽：★★★☆☆ 3.5　　休闲：★★★★☆ 4.0
留香：★★☆☆☆ 2.0

点评

别致的蝴蝶造型，一如既往的苏氏华丽风格。

前调轻盈活泼，如一杯酸酸的果汁令人口舌生津。中调醒目的白色花束，清晰可辨橙花和茉莉的身影。花香延续至尾调，转而有些甜腻乏味。

香水整体缺乏精致度，开场鲜亮，收尾沉闷，但其活泼开朗略有叛逆的市场定位更加明确。清新的气息，平易近人的价位，应该是女生们在春、夏两季比较好的一个选择。

11 **2003** **女** 粉嫩少女入门香

Dolly Girl 洋娃娃

香型 花果香型

前调 香柠檬、苹果、甜瓜、肉桂

中调 茉莉、玫瑰、铃兰、玉兰、紫罗兰

尾调 野生草莓、柚木精油、覆盆子、香根草、麝香、龙涎香

网购参考价 200 元/50ml EDT

专柜参考价 485 元/50ml EDT

成熟：★★☆☆☆ 1.5　　甜美：★★★☆☆ 2.5
清爽：★★★★☆ 4.0　　休闲：★★★★☆ 4.0
留香：★★☆☆☆ 2.0

点评

可爱的娃娃头造型，粉嫩娇俏的色调，清新酸甜的花果香，非常迎合少女的喜好。自此，Anna Sui 的香水风格完全成熟。

Dolly Girl 已经衍生成为系列香水，陆续推出 Dolly Girl Ooh La Love、Dolly Girl On the Beach 等等，共计 5 款之多，受欢迎程度可见一斑。可惜 Dolly Girl 青春有余而个性不足，在清新花果香大行其道的今天，辨识度很低，但作为年轻女性春夏季入门香水还是不错的。

流行无罪

可能很多资深玩家对 Anna Sui 这类"街香"不屑一顾，无论其原料质地还是创意内涵都缺少更大的品味空间。而在市场上，"Anna Sui"们凭借敏锐的观察力，把一个个流行要素放大强化，果断而又坚毅地打造着自己的领地，它们的销量往往让高端品牌汗颜。

在熙攘的人流中，我无数次与 Anna Sui Girl 擦肩而过，她们面上的阳光与身上的香味让我很难说出挑剔的话语。若干年后，这些女孩子中可能会有不少人成为资深香迷，当她们一身 Niche 满嘴 Vintage 的时候，想起也不会忘记是谁引领她们进入这个神奇的嗅觉世界。

12 2006 女
夏日街头的清新风尚

Secret Wish Magic Romance
魔恋精灵（许愿精灵圆梦）

香型 花果香型
前调 西西里柠檬、甜瓜、香柠檬
中调 茉莉、晚香玉、橙花、莲花、昙花
尾调 椰子、麝香、巴西红木、龙涎香
网购参考价 240 元 /50ml EDT
专柜参考价 540 元 /50ml EDT

成熟：★★☆☆☆ 1.5　　甜美：★★★☆☆ 2.5
清爽：★★★★☆ 4.0　　休闲：★★★★☆ 4.0
留香：★★☆☆☆ 1.5

点评

　　如果说 Dolly Girl 是 Anna Sui 香水风格的成熟之作，那么 Secret Wish 许愿精灵和 Secret Wish Magic Romance 魔恋精灵则把这种清新风格推到了市场尖峰。这两款香水除颜色区别外，造型完全一致，香味风格也大致相同，都以清新花果为基础，加大凉爽感让整体更通透，辨识度较高。绿色的许愿偏重水果的俏皮清甜，粉色的魔恋茉莉花香较突出，多了些娇柔妩媚。

　　许愿精灵广受年轻女生追捧，夏日街头可随意搜寻到它的气息。如担心撞香问题，不妨选择魔恋精灵。

13 2009 女
香甜小叛逆

Rock Me! 摇滚心情

香型 花果香型

前调 青橙、桃子皮、威廉梨

中调 茉莉、莲花、忍冬

尾调 维吉尼亚雪松、香草、龙涎香

网购参考价 260 元 /50ml EDT

专柜参考价 590 元 /50ml EDT

成熟：★★☆☆☆ 1.5　　甜美：★★★☆☆ 3.0
清爽：★★★☆☆ 3.0　　休闲：★★★☆☆ 3.5
留香：★★☆☆☆ 2.0

点评

　　这款吉他造型的 Anna Sui 新作，外形上保持了一贯的新颖创意，做工细腻时尚。味道没有鲜明的特色，依然是清新俏丽加少许叛逆，三调过度不明显，类似糖果的香甜贯穿中尾调，隐隐有少许木质气息。除了外观卖点，香味平平。针对女性群体，适合春秋使用。

　　这款香水上市不久，便推出了后续版本"Rock Me! Summer of Love"，依旧是吉他造型，色调由红变蓝，味道清爽，主打夏季。

14 1981 中 会呼吸的夏日柑橘

Eau d'Hadrien

哈德良之水

香型 柑橘香型

香料 西西里柠檬、葡萄柚、柑橘类、柏

网购参考价 500 元 /50ml EDT

成熟：	★★☆☆☆ 2.5	甜美：	★★☆☆☆ 1.5
清爽：	★★★★☆ 4.0	休闲：	★★★★☆ 4.5
留香：	★★☆☆☆ 2.0		

点评

在香水发展史上，柑橘既是不可或缺的原料之一，也是重要的香水类型。名作多多，数不胜数，如地标一般的 Eau Sauvage，开拓中性新天地的 CK one……而获得 2008 年 FiFi Award "香水名人堂" 殊荣的 Eau d'Hadrien，自然也有其过人之处。

Eau d'Hadrien 带来的不是一杯混沌的柑橘榨汁，而是沉甸甸挂满枝头的硕果。摘下一颗带着翠绿叶片的柑橘，新鲜得还在呼吸，饱满到一碰就会汁液迸发。嗅觉中层次分明：果肉的酸中带甜，柑橘皮油的刺激醒目，枝叶的青涩微苦，每个细胞都充满西西里岛金色阳光的活力。Eau d'Hadrien 将柑橘的鲜活发挥得淋漓尽致，虽清甜洁净的余韵被不少人诟病像空气清新剂，但些许微词依然难掩其出色的整体水准。

香味清新愉悦，适合春夏季节，亲切随意，场合不限。

注：FiFi Award 菲菲奖，1973 年由 Fragrance foundation 开办至今，是一年一度的香水界盛事。1993 年开始设立欧洲菲菲奖。

15 2005 女
甜美经典的栀子香
Songes 梦（小夜曲）

香型 东方花香型

香料 茉莉、伊兰、佳雷花、赤素馨花、
法国香草

网购参考价 500 元 /50ml EDT

成熟：★★★☆☆ 3.0
甜美：★★★☆☆ 3.5
清爽：★★☆☆☆ 2.0
休闲：★★★☆☆ 3.0
留香：★★★★☆ 4.0

点评

　　Annick Goutal 好像对栀子花情有独钟，不但旗下拥有多款栀子花主题的香水，而且手法出神入化各有千秋。

　　我最喜欢的是这款 Songes，以大溪地栀子为主体，独特花香清晰可辨，又绝非单调的写实风格。茉莉的娟秀、香草的奶甜，还有少许枝叶的清新，众星捧月般将栀子簇拥得香甜华贵，柔和有力。弥漫感非常出色，如一团香雾轻轻包裹随身而行。

　　整体气息甜美温馨，浪漫富有诗意，适合优雅的知性女子在春秋冬季节使用，办公、宴会、二人世界均有上佳表现。

沙龙与商业的完美结合

　　近年来，Annick Goutal 很有些风生水起的架势，无论老香还是新香都有大批的拥趸捧场，赞美之词如波浪涌，让很多 Niche 品牌面红耳热。探其究竟，AG 家的香水工艺水准均衡，富有时尚气息，大众的流行与小众的个性共存，堪称是沙龙与商业的完美结合体。

16 1995 女
花季少女柑橘香

Eau Belle D'Azzaro
贝尔泡泡（晨露）

香型	柑橘花香型
前调	柑橘、香柠檬、日本柚、桃子
中调	茉莉、仙客来、小苍兰
尾调	蜂蜜、柏、雪松、龙涎香
网购参考价	180 元 /50ml EDT

成熟：★★☆☆☆ 2.0　　甜美：★★✬☆☆ 2.5
清爽：★★★✬☆ 3.5　　休闲：★★★★☆ 4.0
留香：★✬☆☆☆ 1.5

点评

　　Azzaro 的香水产品除 Eau Belle D'Azzaro 系列之外，在国内的普及率不算高，但该品牌的造香水准却不应忽视。即便是这款商业痕迹明显，以青春少女为首要目标的贝尔泡泡，工艺上也很有特色。

　　乖巧可爱的气泡造型，很像北京酱菜——小地葫芦儿。香气以水为主题，用柑橘搭配轻柔花香，勾勒出一幅青葱岁月花季少女玩水嬉戏的休闲画面，比时下流行的海洋调香水多了一些天然去修饰的气质。

17 `1996` `男`
清爽低调的阳刚味道

Chrome 风（酪元素）

香型 柑橘香型

香料 菠萝、柠檬、香柠檬、橙花油、迷迭香

中调 茉莉、仙客来、芫荽、橡树苔

尾调 雪松、檀香、小豆蔻、麝香、巴西红木、零陵香豆、

网购参考价 230 元 /50ml EDT

成熟：★★☆☆☆ 2.5
甜美：★☆☆☆☆ 1.0
清爽：★★★★☆ 4.0
休闲：★★★★☆ 4.0
留香：★★★☆☆ 3.5

点评

　　开场阳光感十足，水质气息稍后登场。清新柑橘加通透激扬的水味，真有些凉风拂面的感觉。中尾调加入金属的冰冷，让整体多了一丝坚毅，清凉的感觉贯彻始终。

　　Chrome 像是 CK one 与 CK be 的混合体，既有 one 强烈的柑橘味，又有 be 的凉爽，因为金属气息的使用，所以比上述两款香水还多了一些阳刚。

　　不能不提的是，Chrome 的留香时间相当不错，对于清新类型的男士香水而言，如此持久的战斗力也应当加一些印象分。富有亲和力，使用人群和场合较宽泛，春夏季节适宜。

18 1999 女
个性率真的花果味

Azzura 阿苏娜

香型 花果香型
前调 柑橘、铃兰、香柠檬、红浆果
中调 玫瑰、茉莉、杏、黑醋栗
尾调 西克莫无花果、日本柚、香草
网购参考价 180 元 /50ml EDT

成熟：★★☆☆☆ 2.5　　甜美：★★★☆☆ 3.0
清爽：★★★☆☆ 3.0　　休闲：★★★☆☆ 3.0
留香：★★☆☆☆ 2.5

点评

相对而言，Azzura 是我介绍的四款 Azzaro 香水中最另类的。柑橘混合着类似胡椒的味道，略带辛辣，开场有点小刺激。独特的花果香在中调散发出来，让我联想到蜜饯汤圆的甜糯。尾调清凉微甘，夹杂少许柚子的青涩气息。

Azzura 既有女性的柔媚，又带着中性的率真，也许这就是她的个性所在。适合春、秋两季，撞香率较低。

19 2000 男
平易近人的白领男香

Pure Vetiver
纯净香根草

香型 木质香型
前调 姜、胡椒、葡萄柚、小豆蔻
中调 艾草、薰衣草、海洋香调
尾调 大黄、肉豆蔻花、香根草
网购参考价 180 元 /40ml EDT

成熟：★★★☆☆ 3.0
甜美：★☆☆☆☆ 1.0
清爽：★★★☆☆ 3.5
休闲：★★★☆☆ 3.0
留香：★★☆☆☆ 2.0

点评

2000 年的 Pure Vetiver 纯净香根草、2001 年的 Pure Lavender 纯净薰衣草以及 2002 年的 Pure Cedrat 纯净香橼，组成了 Azzaro 一个男香系列。

柑橘类和辛香料的组合让开篇颇为凛冽，中调微苦，薰衣草的势头强劲，辛辣气息一直延续。香根草舒缓平和的甘甜只在尾调尽头处露出些许端倪。

这个带着沙龙范儿名字的香水，曾让我有些好奇。但它不够利落的原料搭配，香根草在辛香料的打压下飘忽不定，很难与"Pure"相联系。它不及 Creed- Original Vetiver 的静逸，也缺少 Frederic Malle- Vetiver Extraordinaire 的优雅。不过，以香根草为题材的主流香水并不算多，加上它平易近人的价位，还是可以尝试。

适合白领男士，春、夏、秋三季皆可使用。

B

20 1988 女
激情熟女的气场香

Rumba 伦巴

香型 东方花果香型

前调 香柠檬、李子、覆盆子、桃子、黄香李、橙花、罗勒

中调 茉莉、铃兰、金盏花、晚香玉、栀子花、天芥菜、兰花、玉兰、蜂蜜

尾调 零陵香豆、苏合香脂、广藿香、橡树苔、皮革、香草、檀香、李子、麝香、雪松、龙涎香

网购参考价 220 元 /50ml EDT

成熟: ★★★★☆ 4.0
甜美: ★★★★☆ 4.0
清爽: ★☆☆☆☆ 1.0
休闲: ★★☆☆☆ 1.5
留香: ★★★★☆ 4.0

点评

提起巴黎世家，我最多想到的是它的创始人——Cristobal Balenciaga，一位可以称之为传奇的天才服装设计师。对他抱有敬仰之情的人很多，不只是我这样的平凡人，还有香奈儿、迪奥、纪梵希……

作为有着近百年历史的高级时装品牌，Balenciaga 推出的香水产品不多，但有几款堪称精品，这款 Rumba 就是其中之一。

1988 年面世的 Rumba 是一款带有怀旧气息的香水，在它身上可以找到 20 世纪初流行气味的特点：庞大繁复的花果香料组合，明亮强势的蜜甜，势不可当的气场。其浓烈的老式东方香味可能让年轻人难以接受。它更适合富有激情的成熟女性在宴会、酒会等公共场合使用。

21
清甜舒缓的美式玫瑰

Alabaster
雪花石

香型 木质花香型
前调 莲花
中调 野玫瑰
尾调 白麝香

网购参考价 280 元 /50ml EDP

成熟：★★★☆☆ 3.0
甜美：★★★☆☆ 2.5
清爽：★★★☆☆ 2.5
休闲：★★★☆☆ 2.5
留香：★★★☆☆ 2.5

点评

第一次看到香蕉共和国的香水，几乎让我忘记它是一个源自美国的品牌。外观工艺上没有美式的粗枝大叶，实木外盒激光蚀刻香水信息，细腻精巧；瓶型简约大气，线条流畅优美；再搭配上单一具象的命名，还真有点沙龙范儿。

Alabaster 是一款带有鲜明现代感的香水，以清甜为主，符合市场流行趋势。前、中调花香柔和，有较明显的玫瑰粉甜。尾调麝香与花香混合出温暖感，还有一些木质的沉稳气息。整体风格舒缓甜美，适合文雅女性在春秋季节使用。

细节分析，它骨子里缺少欧式的浪漫与想象力，细节品赏性稍有不足。

22 2006 男

平和沉稳的木质气息

Black Walnut 黑核桃

香型 木质香型
前调 白兰地
中调 烟草
尾调 维吉尼亚雪松
网购参考价 220 元 /50ml EDT

成熟：★★★☆☆ 3.5   甜美：★☆☆☆☆ 1.0
清爽：★★★☆☆ 3.0   休闲：★★☆☆☆ 2.5
留香：★★☆☆☆ 2.0

点评

　　这是一款获得过 2007 年菲菲奖的男香，味道独特。前调轻盈，带着果实的酸甜，很快加入一丝苦味。随着时间推移，新鲜烟草叶气息完全展开，夹杂少许辛辣的苦味，清晰却不浓烈，像药铺门前淡淡的草药香。尾调平和微甜，让我不禁联想到故宫大殿内散发的混合木质气息。

　　特点鲜明，硬朗阳刚。个性独立开朗的男子在春秋季节使用可以增加一些成熟稳重。

23

酸甜适度，俏丽花香

Malachite 孔雀石

香型 东方香型

前调 白色布袋莲、胡椒、青芒果

中调 牡丹、冬梨、粉色康乃馨

尾调 檀香、香草、麝香

网购参考价 280 元 /50ml EDP

成熟 ★★☆☆☆ 2.0　　甜美 ★★★☆☆ 3.0
清爽 ★★★☆☆ 3.0　　休闲 ★★★★☆ 3.5
留香 ★★☆☆☆ 2.0

点评

　　开场的酸甜果味清晰鲜亮；中调花香逐渐释放，柔和娇嫩颇为甜蜜；尾调比较有特色，粉香适度，稍带果酸。和时下流行的清新花香相比，香料搭配的平衡感不错。

　　整体比雪花石更具青春朝气，适度的果味更显顽皮，春、夏、秋三季使用，可以给女生们增加一些俏丽。

24 [1997] [中] 清爽刺激的绿植辛香

Cold 冷水

香型 柑橘香型

前调 柑橘、橙花油、香柠檬

中调 芫荽、葛缕子、甜椒

尾调 香草、广藿香、香根草、乳香、白麝香、龙涎香

网购参考价 150 元 /100ml EDT

成熟　★★☆☆☆ 2.5
甜美　★☆☆☆☆ 1.0
清爽　★★★☆☆ 3.0
休闲　★★★☆☆ 3.5
留香　★★☆☆☆ 2.0

点评

　　别致的水龙头造型，曾获得 1998 FiFi Award 年度最佳包装设计奖。如果你想喷它，当然还需要拧一下水龙头。

　　常见的柑橘开场，果皮的青味渐盛。绿植汁液与微苦的辛香料将清脆刺激的香气一直延续至尽头。三调过渡不算明朗，整体以凉爽的青绿为主，略带辛辣。外观新颖，但香味特色不足。

　　适合年轻人群在春、夏、秋三季，搭配休闲穿着。

25 1997 中 甜蜜温暖的东方香

Hot 热水

香型 东方香型

前调 柠檬、柑橘、香柠檬、巴西红木

中调 杏、茉莉、铃兰、鸢尾

尾调 雪松、橡树苔、香草、檀香、麝香、龙涎香

网购参考价 150 元 /100ml EDT

成熟：★★★☆☆ 3.0
甜美：★★★★☆ 4.0
清爽：★★☆☆☆ 2.0
休闲：★★☆☆☆ 2.0
留香：★★⯪☆☆ 2.5

点评

　　依然是水龙头造型，依然是柑橘开场，Hot 则偏重果肉清凉的酸味。之后混合难辨的花果甜腻逐渐崭露并越发强烈，将热度快速提升起来。香草和檀香气息让尾调充满粉质的东方香甜。

　　整体香味甜蜜温暖，与"中性香水"不太相符，适合年轻女性秋冬季节在休闲场合使用。

26 1986 女
华丽豪放的女王香

Bijan 同名女香

香型 东方花香型

前调 香柠檬、橙花、水仙、伊兰、橙花油、罗勒、甜椒

中调 玫瑰、茉莉、铃兰、晚香玉、康乃馨、鸢尾根、蜂蜜

尾调 广藿香、香草、天芥菜、檀香、安息香、摩洛哥橡树苔、麝香、雪松、零陵香豆

网购参考价 200 元 /50ml EDT

成熟 ★★★★☆ 4.0 甜美 ★★★☆☆ 3.5
清爽 ★★☆☆☆ 1.5 休闲 ★★☆☆☆ 1.5
留香 ★★★★☆ 4.0

点评

　　毕坚的香水产品中，我最喜欢的是老版本 DNA 与这款同名女香。因为时下市面上能找到的 DNA 与老版本有所不同，为了避免混淆，只能忍痛割爱，单独介绍 Bijan 女香了。

　　该香最大的特点就是香料质感突出、气场强大。开篇就气势磅礴，大量的鲜花次第绽放，粉香与蜜甜交相呼应，一派热烈繁华景象。选料上乘的麝香引领着东方气息悄然登场，在众多香料的烘托之下，醇厚馥郁。整体结构虽不够细腻，但丰富精良的原料足以填补这一缺失。弥漫感出色，豪放华丽。

　　曾有位职场女强人要我推荐一款晚装香，要求气味富丽堂皇略带狂野，最重要是弥漫感好——"走出电梯间能香留满室"。在我给出的若干备选中，她最终的选择就是 Bijan。

　　注：本文评述为 Parfum 香精版本。

27 2009 女 一汪糖水，清甜始终

Bellissima
美丽

香型 木质花香型
前调 橙、葡萄柚、姜、水香调
中调 牡丹、西番莲花
尾调 香草花、檀香、麝香、喀什米尔木
网购参考价 200 元 /50ml EDP

成熟：★★☆☆☆ 1.5
甜美：★★★★☆ 3.5
清爽：★★★★☆ 3.5
休闲：★★★☆☆ 3.0
留香：★★★☆☆ 2.5

点评

不知从何时开始有了一种观念：作为时尚品牌，旗下没有香水产品，好像就离"时尚"两个字远了不少。也许就是这种观念与巨大商业利益的驱使，造就了众多前仆后继的"玩票品牌"，也诞生了一批批"生死有命，富贵在天"的"玩票香"。如果说 Bellissima 就是这个行列中的一员，可能有点委屈它，人家毕竟请了名鼻 Sophie Labbe 担纲调制。

清新甜美的味道与时下流行趋势别无二致，若干元素纠合一处，除了清甜不浓烈之外很难再找出更加鲜明的特色。从开场到结尾，就像是一碗不浓不淡变化不大的白糖水。

以年轻女性为主要销售对象，适合春、夏、秋三季。

28 2000 女 饱含甜蜜的珍珠项坠

Initial
最初

香型 花香型

前调 橘子、胡椒、醋栗叶芽、红醋栗叶

中调 玫瑰、茉莉、野花、广藿香

尾调 蜂蜜、杏仁、麝香

网购参考价 450 元 /50ml EDP

成熟：★★★✯☆ 3.5
甜美：★★★★☆ 4.0
清爽：★★✯☆☆ 1.5
休闲：★★✯☆☆ 1.5
留香：★★★★☆ 4.0

点评

这个有着百年历史的顶级珠宝品牌，在未正式推出香水之前，早已与香水瓶设计有着不解之缘。Boucheron 的香瓶总是带着其独有的珠宝特色，好似时刻提醒你购买香水时顺便看看首饰。它的首款同名女香如一枚镶嵌宝石的戒指，Jaipur 女香是更为夸张的手镯造型，Initial 则是一颗精美的珍珠项坠。

这款 Initial 的香味，却并不如外观那般温润含蓄。没有清新的前调，强大的甜蜜感直接扑面而来，令人有些喘不过气。丰富华丽的香料感，甜腻绵暖的劲头，倒更像是一款美食东方香。

甜蜜华丽，热情洋溢，适用人群比较宽泛，25-40 岁女性皆宜，耀眼夺目的晚宴用香。

29 **2007** **女**
娇俏可爱的邻家女孩

Miss Boucheron 布歇隆小姐

香型 花香型

前调 香柠檬、石榴、粉胡椒

中调 保加利亚玫瑰、紫罗兰、仙客来

尾调 莺尾、维吉尼亚雪松、麝香、白山羊皮

网购参考价 380 元 /50ml EDP

成熟	★★☆☆☆ 2.0	甜美	★★✦☆☆ 2.5
清爽	★★★✦☆ 3.5	休闲	★★★★☆ 4.0
留香	★★✦☆☆ 2.5		

点评

前调颇为趣致，石榴的香味清甜多汁，透着一股鲜嫩活泼的水感。当明亮的果香逐渐被粉质花香替代，气息便变得乖巧恬静。这种轻柔的甜香一直延续至尾调，没有太多变化。

Miss Boucheron 如邻家女孩般娇俏可爱，非常具有亲和力。与闺蜜或男友逛街、闲聊时使用，可增添更多轻松愉悦的气氛。

30 1928 女 追忆曾经的幽蓝经典

Soir De Paris
暮色香都（巴黎之夜）

香型 花香型
前调 果香调、紫罗兰
中调 玫瑰、茉莉、康乃馨、紫丁香
尾调 香草、雪松、香根草、苏合香脂
网购参考价 400 元 /50ml EDP

成熟：★★☆☆☆ 2.0
甜美：★★★☆☆ 3.0
清爽：★★★☆☆ 3.5
休闲：★★★☆☆ 3.5
留香：★★☆☆☆ 2.0

点评

Soir de Paris 的历史可以追溯至 1928 年。这款曾被誉为世界上最著名的香水，最初的版本由 Chanel 五号香精的调香师调制。

我们现在还能买到的，几乎只有 1992 年重新调配后的新版。三调线路不清晰，细腻香甜的花果味很像 Lancome Tresor，只是更淡更飘。20-30 岁年轻女性，日常生活及工作环境皆可使用。

Bourjois 自创建以来共出品了近百款香水，但能够流传于世且依然受人追捧的恐怕只有这款 Soir de Paris 了。如今 Bourjois 辉煌不再，Soir De Paris 也早已不是最初那馥郁的醛香花香，我们只能从它深邃幽蓝的色调中，追忆当年华丽的身影。

注：Soir De Paris 还有一款 Evening In Paris 英文版包装。

31 2002 童 唤醒幸福洋溢的童年时光

Baby Touch
绵羊宝宝

香型 柑橘香型

前调 橙皮、柑橘皮、马鞭草、青薄荷

中调 橙花、铃兰、茉莉、仙客来

尾调 香草

网购参考价 150 元 /50ml EDT

成熟 ：★☆☆☆☆ 1.0
甜美 ：★★☆☆☆ 2.0
清爽 ：★★★★☆ 4.0
休闲 ：★★★★☆ 4.0
留香 ：★☆☆☆☆ 1.0

点评

在浩若烟海的香水世界中，儿童香水应该算是很渺小的一个分支了。但在 2000 年之后，这些本不为商家重视的香水类型创造出一个又一个的销售奇迹。香界流传，这款 Baby Touch 2006 年仅在巴西的销售额就过亿美元（另一说：1.65 亿），这样的成就是很多成人香水不可企及的。

开场是淡淡的橘与绿植的混合气息，很快加入白色花卉的粉香，娇嫩轻柔。温和的花香延续到尾调，甜度适中不腻不燥。隐隐一点婴儿爽身粉的清新爽洁，与 Demeter Laundromat 有几分相似。

整体而言，Baby Touch 香味轻盈舒缓，非常亲切，没有压力感。该香有"淡香水版"与"无酒精版"两种选择，味道相同。低刺激度的无酒精版适合宝宝使用，而淡香水版更适合花季少女在春夏使用，放松心情，唤醒幸福洋溢的童年时光。

32 `2003` `女`
柔软含蓄的英式香甜

Brit 英伦迷情（风格）

`香型` 花香型

`前调` 青柠、梨

`中调` 牡丹、青杏仁

`尾调` 香草、红木、龙涎香、零陵香豆

`网购参考价` 245 元 /50ml EDT

`专柜参考价` 620 元 /50ml EDT

成熟：	★★★☆☆ 3.0	甜美：	★★★⯪☆ 3.5
清爽：	★★⯪☆☆ 2.5	休闲：	★★★☆☆ 3.0
留香：	★★★⯪☆ 2.5		

`点评`

　　Burberry 旗下反响最热烈的香水，2004 年夺得 FiFi Award 最奢华女香奖。

　　这款香的甜味能给人留下深刻印象，既有花果的甘甜，也有奶油的香甜。虽然甜味强大，但整体温暖柔软，没有侵略性，体现了英式香水含蓄的特色。适合秋冬季节，二人世界甜蜜共享。也可以在亲友间的小型聚会上使用，温情无限。

33 `2004` `男`
清秀明亮的英伦风情

Brit for Men 英伦迷情男香

`香型` 木质东方香型

`前调` 柑橘、香柠檬、小豆蔻、姜

`中调` 野玫瑰、雪松、肉豆蔻

`尾调` 雪松、灰麝香、广藿香、零陵香豆、东方木质香调

`网购参考价` 245 元 /50ml EDT

`专柜参考价` 615 元 /50ml EDT

成熟：	★★☆☆☆ 2.0	甜美：	★★☆☆☆ 2.0
清爽：	★★★☆☆ 3.0	休闲：	★★★☆☆ 3.0
留香：	★★☆☆☆ 2.0		

`点评`

　　获得 2005 菲菲奖的 Brit 男香，开场以柑橘为主，混合了姜的刺激醒目。中调辛香清晰明亮，像揉捏新鲜松针散发的独特青气。尾调过渡出色，木质辛香加入适度清甜，沉稳中更添鲜活。收尾处甜味偏重，虽然呼应了同款女香的甜蜜，但稳重感减弱很多。适合清秀男生在春秋季节使用。

34 2006 女
秋日暖阳中的白色花束

Burberry London 伦敦

香型 花果香型

前调 克莱门氏小柑橘、玫瑰、忍冬

中调 茉莉、牡丹、佳雷花

尾调 檀香、广藿香、麝香

网购参考价 320 元 /50ml EDP

专柜参考价 668 元 /50ml EDP

成熟：★★★☆☆ 3.0　　甜美：★★☆☆☆ 2.5
清爽：★★☆☆☆ 2.0　　休闲：★★★☆☆ 3.0
留香：★★★☆☆ 3.0

点评

　　我没去过英国，更没到过伦敦。如果非要从这款香水上联想出一座城市的影像，那么我只能说：这里有很多的花，很多的茉莉花，以及一个在秋日暖阳中悠然漫步的美丽女人——Rachel Weisz。

　　这款香水颇为直白，轻巧的柑橘加玫瑰开场，直奔鲜花主题。最醒目的是茉莉，环绕着类似栀子的香味。总的来说花香繁茂，远闻茉莉清秀，近闻略显甜闷。风格简约便于搭配，成熟女性春秋季节使用，场合不限。

35 2008 女
清甜花香，随性而动

The Beat 动感节拍

香型 木质花香型

前调 柑橘、香柠檬、粉胡椒、小豆蔻

中调 茶、鸢尾、风信子

尾调 雪松、香根草、白麝香

网购参考价 280 元 /50ml EDP

专柜参考价 718 元 /50ml EDP

成熟：★★☆☆☆ 2.0　　甜美：★★☆☆☆ 2.5
清爽：★★★☆☆ 3.0　　休闲：★★★☆☆ 3.5
留香：★★☆☆☆ 2.0

点评

　　这款主打青春的香水由三位知名调香师联手调制，还邀请偶像团体代言，可见 Burberry 对它的重视。整体风格迎合时尚趋势，清甜为主加少许木质和绿植气息，活泼但不喧闹，有些英式香水的雅致。适合春、夏、秋三季，休闲场所、逛街、约会均可。

36 `1992` `中` 茶香之源，清雅绿植

Eau Parfumée au Thé Vert
绿茶

香型 柑橘绿植香型

前调 柑橘、香柠檬、橙花、芫荽、小豆蔻、柠檬

中调 保加利亚玫瑰、茉莉、铃兰

尾调 绿茶、檀香、麝香、龙涎香、珍稀木材、雪松

网购参考价 230 元 /75ml EDC

专柜参考价 750 元 /75ml EDC

成熟	★★☆☆☆ 2.5	甜美	★☆☆☆☆ 1.5
清爽	★★★★☆ 4.0	休闲	★★★★☆ 4.0
留香	★★☆☆☆ 2.0		

点评

当人们还纠结于花、果、东方……调香师 Jean-Claude Ellena 却另辟蹊径将茶引入香水之中。这一创新的举动获得空前成功，以至于 Bvlgari 后来出品的很多香水都有意无意与茶扯上关系。

柑橘的香气拿捏得恰到好处，多一分则辛苦，少一分则平淡。橙花的加入更显柔和。中、尾调保持着新鲜雅致、似茶非茶的绿植青香，花与木只在远处陪衬，带出一丝轻柔甘甜。

绿茶的清雅气质适合各年龄段人群，春、夏、秋三季，休闲、正装皆可。

37 1998 中
醇厚温暖的东方气息

Black
黑茶

香型 木质东方香型

前调 茶、香柠檬

中调 茉莉、雪松、檀香

尾调 皮革、香草、麝香、龙涎香

网购参考价 240 元 /40ml EDT

成熟 ★★★☆☆ 3.5
甜美 ★★☆☆☆ 2.0
清爽 ★★☆☆☆ 2.5
休闲 ★★☆☆☆ 2.0
留香 ★★☆☆☆ 2.5

点评

　　Black 这个名字比较纠结，也许是指外观的黑，也许是指香料里的茶（译作红茶更为贴切）。这款以宝格丽经典珠宝为造型，包裹着一圈黑色橡胶的香水，获得 1999 年 FiFi Award 两项大奖，其中包括"最佳包装设计"。

　　开场的柑橘味带着少许果皮刺激，迅速被某种油质的闷暖感所掩盖。木质甘甜勉强显现，伴着轻微辛辣。之前的闷感逐渐消退，暖意延续并越发清晰，这才恍然大悟——是龙涎香！香草出现较晚，与前者混合出类似黑巧克力的独特香气。

　　香味稳重，醇厚却不浓烈。适合秋冬季节，偏成熟人士。

38 1998 童

母子同香，甜蜜共享

Petits et Mamans

甜蜜宝贝

香型 木质花香型
前调 香柠檬、西西里橙、巴西红木
中调 玫瑰、向日葵、洋甘菊
尾调 白桃、香草、鸢尾
网购参考价 240 元 /100ml EDT

成熟：★☆☆☆☆ 1.0 　 甜美：★★☆☆☆ 2.5
清爽：★★☆☆☆ 2.5 　 休闲：★★★★☆ 4.0
留香：★☆☆☆☆ 1.0

点评

　　Petits et Mamans 直译是"宝贝和妈妈"，目标人群非常清晰，母子同香，甜蜜共享。当然了，喜爱粉嫩香气的少女也可以使用。

　　前面有微酸的果味，之后以粉嫩香甜为主，变化不大，非常像婴儿爽身粉的气味。Petits et Mamans 有"无酒精版"和"淡香水版"两种选择，香味一致，留香度略有差异。

　　温暖乖巧的甜蜜感，适合春、秋、冬三季。这种轻柔可爱的香气，维持的时间很短，只能靠勤奋补香了。

均衡的宝格丽之香

　　珠宝行业中最早推出香水的企业不是 Bvlgari，但市场影响力却是最大的。它的产品众多，水准却非常均衡，从首款香水一路数下来，叫好又叫座的作品比比皆是，而停产的数量又是非常的少，可见其市场需求的稳定。

　　Bvlgari 很少像某些品牌推出那种极尽奢华售价高昂的限量产品，好像生怕别人不知道自己是做珠宝的，而它绝大多数的产品外观上都整齐划一地融入品牌特色，即便是混在千百香瓶中，也能快速搜寻出它的身影。

39 2005 男
新世纪的流行海洋香

Aqva Pour Homme
碧蓝（水能量）

香型 柑橘水生香型
前调 橙、柑橘、橙花油
中调 大叶藻、精油
尾调 雪松、广藿香、龙涎香、木质香调
网购参考价 200 元 /50ml EDT
专柜参考价 560 元 /50ml EDT

成熟：★★☆☆☆ 2.5
甜美：★☆☆☆☆ 1.5
清爽：★★★★☆ 3.5
休闲：★★★★☆ 3.5
留香：★★★☆☆ 3.0

点评

　　不错的柑橘前调，搭配出清新凉爽的水感。之后藻类带出的轻微腥气与绿植青气，将水的香味扩大，勾勒得越发清晰，颇有几分在海边畅游的场景感。尾调略露木质甘甜，回归男性的沉稳气质。

　　2008 年，Bvlgari 又推出了一款同样造型的 Aqua Pour Homme Marine，香味以柑橘为主，却少了一份清凉的穿透力。

　　也许有很多人不喜欢水性香的化工气息，但必须承认 Aqva Pour Homme 是 2000 年后一款非常成功的商业男香。新奇的露珠造型，鲜亮透彻的水感，年轻冷峻的气质，让同时期同类型的香水黯然失色。

　　留香和弥漫度颇为出色。适用年龄较广，春夏季节，日常生活、工作和休闲皆可。

40 2008 女 **夜色掩映下的华贵女子**

Jasmin Noir 夜茉莉

香型 东方花香型

前调 绿植汁液、栀子花

中调 杏仁、小花茉莉

尾调 甘草、珍稀木材、零陵香豆

网购参考价 260 元 /50ml EDP

专柜参考价 880 元 /50ml EDP

成熟：★★★☆☆ 3.5	甜美：★★☆☆☆ 2.5
清爽：★★☆☆☆ 2.5	休闲：★★☆☆☆ 2.0
留香：★★★☆☆ 3.5	

点评

2009 年，Bvlgari 为 Jasmin Noir 在国内召开颇有声势的新品发布会，我仰望它的名字，联想着自家那盆白天羞涩，夜晚却香气弥漫的茉莉。

而事实上，Jasmin Noir 的香味，与它华丽的外观和隆重的发布会遥相呼应。精致、艳丽，质感强烈，仿佛是夜幕太沉重，挡住了茉莉清秀单薄的身影。杏仁露般的奶甜和木质甘甜倒是非常清晰。我眼里只看到一位身着黑色丝缎晚装的华贵女子，头发最好还是金色的。

41 2009 女 **清甜凉爽的春夏之香**

Omnia Green Jade

晶翠纯香（绿水晶）

香型 水生花香型

前调 青橘

中调 茉莉、梨花、白牡丹

尾调 开心果、麝香、木质香调

网购参考价 180 元 /40ml EDT

专柜参考价 585 元 /40ml EDT

成熟：★★☆☆☆ 2.5	甜美：★★☆☆☆ 2.0
清爽：★★★☆☆ 3.0	休闲：★★★☆☆ 3.5
留香：★★☆☆☆ 2.0	

点评

Omnia 小家族到目前为止共推出了四款香水，Green Jade 最新。我个人更偏好第一款，悠远飘渺的东方气质。Green Jade 前调的柑橘与 Eau Parfumée au Thé Vert 有几分相似。中调花香带着清甜微酸，有些糖水煮梨的风味。尾调木质清凉，久闻则感单薄乏味。香味总体清新凉爽，适合年轻女性春夏季节使用。

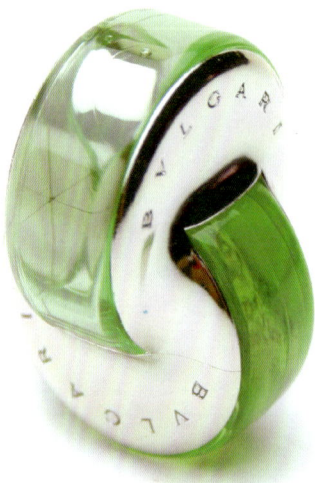

C

42 ₁₉₇₈ 女

柔美花香，流行经典

Anais Anais

安妮丝 安妮丝

香型 花香型

前调 黑醋栗、香柠檬、柑橘类、橙花、白百合、风信子、忍冬、波斯树脂、薰衣草、柠檬

中调 玫瑰、摩洛哥茉莉、铃兰、忍冬、百合、晚香玉、伊兰、鸢尾、康乃馨、鸢尾根、石榴花

尾调 雪松、檀香、龙涎香、香根草、橡树苔、广藿香、皮革、麝香、乳香

网购参考价 280 元 /50ml EDT

成熟	★★☆☆☆ 2.5	甜美	★★☆☆☆ 2.0
清爽	★★☆☆☆ 2.0	休闲	★★★☆☆ 3.5
留香	★★☆☆☆ 2.5		

点评

　　这是成衣帝国 Cacharel 推出的第一款香水，至今虽已超过 30 年的历史，但依然在香场上奋力搏杀着，不能不让人产生几分敬意。它的成功，拉开了大批针对中、低端用户的时尚品牌染指香水市场的序幕；同时也向世人证明，出色的香水产品绝非高端品牌独有。

　　传说中，Cacharel 在香水的研发工作上要求极为严苛，把制香公司 Firmenich 搅得人仰马翻，一群调香师合力方始完成。而事实上，这个味道与同时代的产品相比，特点鲜明。众多白花的混合香气柔美俏丽，清新洁净，在东方香、馥郁花香大行其道的年代里是那般的抢眼，再配上不太昂贵的定价，获得时尚少女青睐也是必然的。

　　以时下的流行趋势分析，Anais Anais，香味柔美细腻，新鲜明亮，没有强烈的侵扰性。但带有少许的时代印迹，不太适合国内的低龄少女，22-28 岁的年龄段会更好一些，春、秋、冬三季均可使用，场合不限。

43 1987 女
个性张扬的叛逆甜香

LouLou 露露

香型 东方花香型

前调 李子、茉莉、百合、金合欢、醋栗叶芽、中国肉桂木、茴香、鸢尾、紫罗兰

中调 橙花、伊兰、晚香玉、天芥菜、鸢尾根

尾调 香草、檀香、乳香、麝香、安息香

网购参考价 350 元 /50ml EDP

成熟：★★★☆☆ 3.0　　甜美：★★★☆☆ 3.5
清爽：★☆☆☆☆ 1.5　　休闲：★★★☆☆ 3.0
留香：★★★☆☆ 3.5

点评

　　1987 年，露露诞生，无论名字还是外形都出人意料的复古。她的名字脱胎于 1929 年的电影——《潘多拉魔盒》，而她的外形像极了 1927 年出品的香水——Le Debut，只不过把湖蓝色的八角瓶身变为六角，并配以红艳艳的瓶塞。

　　更有意思的是味道，开篇好似发酵的水果，隐隐带一点醒目的酒香。药料的香气逐渐鲜明，混合厚重的甜蜜感，像含着一勺"京都念慈庵"。甜味在尾调越发不可收拾，与东方香料肆意驰骋。多么萝莉的味道，张扬恣意得让人气短，不过，这个"萝莉"要加上过去式——她属于 20 世纪。

　　这是个容易引发争议的香味，褒贬各入极端。她与时下流行的清新花果香格格不入，对于入门香迷来说可能难以接受。从实用的角度分析，她的东方气场不适合低龄女生，甜腻颇盛又不宜正装场所。秋冬季节当做夜店香使用也许更为恰当，蹦迪或唱 K，让香汗淋漓，压力随嘶吼尽情宣泄……

44 1998 女 甜美精致的畅销女香

Noa 诺娃

香型 木质花香型

前调 李子、桃、牡丹、小苍兰、白麝香、绿植香调

中调 玫瑰、茉莉、铃兰、百合、伊兰、青草

尾调 芜荽、香草、咖啡、雪松、檀香、乳香、零陵香豆

网购参考价 350 元 /50ml EDT

成熟：★★☆☆☆ 2.0
甜美：★★★☆☆ 3.0
清爽：★★☆☆☆ 2.5
休闲：★★★☆☆ 3.5
留香：★★☆☆☆ 2.5

点评

Anna Sui 的香水事业还未起步时，Noa 已独领风骚。她的外形和香味令无数少女痴狂，曾荣登最畅销女香榜首。即使在今天看来，Noa 依然俏丽可人，拥趸众多也不足为奇。

晶莹圆润的水晶球造型，闪耀着瑰丽光泽的"珍珠"在瓶内流动，如同一个纯净无瑕的童话世界。Noa 作为流行趋势的"前辈"，在如今众多或清新或甜美的少女香氛中，特点已不算十分突出。但它依然是精致而美丽的。花香轻柔娇嫩，干净通透。香草的奶味和木质拿捏适度，甜度偏高却不觉烦腻。

适合 18-25 岁女性，春、秋、冬三季，休闲或约会用香。

45 `2007` `女`
清新柠檬茶

Promesse Eau Fraiche
清新承诺

`香型` 花果香型
`前调` 柑橘、香柠檬
`中调` 茉莉、紫罗兰、茶
`尾调` 雪松、麝香、龙涎香
`网购参考价` 240 元 /50ml EDT

成熟：★★☆☆☆ 2.0   甜美：★★☆☆☆ 2.0
清爽：★★★☆☆ 3.5   休闲：★★★☆☆ 3.5
留香：★☆☆☆☆ 1.0

`点评`

常见的清新柑橘开场，由于茶香的提前加入，变成一杯酸甜生津的柠檬茶。三调过渡快且不明显，茶香依旧，逐渐融入娇嫩花香和少量木质气息。

香味清新柔和，茶味鲜明但化工感略重，留香很短。适合春、夏、秋三季。

46 1988 女
Calvin Klein 的婚礼祝福

Eternity 永恒

香型 花香型
前调 柑橘、小苍兰、柑橘花、鼠尾草、绿植香调
中调 玫瑰、茉莉、紫罗兰、康乃馨、金盏花、百合、水仙、铃兰
尾调 天芥菜、广藿香、檀香、麝香、龙涎香
网购参考价 240 元 /50ml EDP
专柜参考价 495 元 /50ml EDP

成熟：★★★☆☆ 3.0　　甜美：★★☆☆☆ 2.0
清爽：★★☆☆☆ 2.5　　休闲：★★☆☆☆ 2.5
留香：★★☆☆☆ 2.5

点评

　　Eternity 有个浪漫的故事背景，它的诞生是为了庆祝 Calvin Klein 的婚礼。不论是否有炒作之嫌，总之，它成功了。Eternity 获得 FiFi Award 1989 年"最成功女香"和 2003 年"香水名人堂"的殊荣，并成为 CK 品牌早期的代表作，延续至今。加上后来推出相对应的男香，以及若干后续版本，共近二十款之多。

　　类似陈皮、话梅的咸甜果香拉开序幕。紧接着，代表浪漫的花香登场了。这是一种热度不高，但却能感到温暖柔情的细腻花香。之前的"话梅味"退到远处，继续散发一丝甜蜜。尾调花香越发飘渺，逐渐淡去只留下混合药料营造的柔和馨香。

　　轻熟女可作为休闲和工作的日常用香，春、秋两季皆可。

　　注：本文评述为 Parfum 香精版本。

47 1994 中 入门必备的中性代表作

CK one

香型 柑橘香型

前调 柠檬、柑橘、菠萝、木瓜、香柠檬、小豆蔻、绿植香调

中调 玫瑰、茉莉、铃兰、鸢尾根、紫罗兰、肉豆蔻

尾调 檀香、麝香、雪松、橡树苔、龙涎香

网购参考价 150 元 /50ml EDT

专柜参考价 310 元 /50ml EDT

成熟：★★☆☆☆ 2.5　　甜美：★☆☆☆☆ 1.0
清爽：★★☆☆☆ 2.5　　休闲：★★★☆☆ 3.5
留香：★★☆☆☆ 2.0

点评

我实在想不出，还有哪款中性香水敢与 CK one 抗衡，不论声名和销量。CK one 一口气拿下 1995 年 FiFi Award 四项大奖，并被选入 2010 年"香水名人堂"。超前的无胶再生纸盒、独特的可灌装朗姆酒瓶型，以及无性别用香概念，环保牌打得响彻古今，历经十余载依然走在时尚最前沿。如今，Calvin Klein 已将"无性别概念"扩大至"无国界"，将来成为"无星系"也未尝不可。

开场果与皮混合出的柑橘味非常清晰鲜亮，伴着醒目且适度的辛辣感。中调依然很柑橘，加重了一些绿植青苦，花香不明显。尾调木质与橡树苔的气息，增添绵长的暖意。

一言概之，CK one 就是彻头彻尾的柑橘香，之中不乏细腻的修饰与陪衬。香迷入门必备，无性别无国界，也不用太在意年龄。有轻微燥热感，更适合春、秋两季，休闲和工作的日常用香。

48 | 1996 中
清爽夏日，中性精品

CK be

香型 木质花香型

前调 柑橘、香柠檬、薰衣草、薄荷醇、杜松、胡椒薄荷、绿植香调

中调 桃、茉莉、兰花、玉兰、小苍兰、青草

尾调 香草、雪松、檀香、麝香、龙涎香、防风根

网购参考价 150 元 /50ml EDT

专柜参考价 310 元 /50ml EDT

成熟：	★★⯪☆☆ 2.5	甜美：	★☆☆☆☆ 1.0
清爽：	★★★★☆ 4.0	休闲：	★★★⯪☆ 3.5
留香：	★★☆☆☆ 2.0		

点评

　　继 CK one 之后另一款畅销的中性香水。相同的造型、相同的概念，以及相同的调香师。

　　前调柑橘味颇酸，衬着微苦的绿植汁液气息，清凉醒目。CK be 的柑橘并不强势，很快弱化，与兰花香气交织成轻柔的中调。尾调过渡不算明显，花香渐淡与微辛的木质融为一体。

　　CK be 的香味舒缓清爽，弥补了 CK one 热度造成的季节限制，非常适合夏天使用。

49 | 2007 女
清新讨巧，流行情侣香

CK IN2U Her 因为你

香型 东方花香型

前调 西西里香柠檬、粉红葡萄柚、红醋栗叶

中调 兰花、白仙人掌

尾调 香草、红雪松、龙涎香

网购参考价 170 元 /50ml EDT

专柜参考价 375 元 /50ml EDT

成熟：	★★☆☆☆ 2.0	甜美：	★★⯪☆☆ 2.5
清爽：	★★★★☆ 4.0	休闲：	★★★★☆ 4.0
留香：	★★☆☆☆ 2.0		

点评

　　开场很醒目，像刚咬了一口多汁的橙子，饱含果肉的清香酸甜。中调变化不大，清甜依旧，只是褪去了果酸味。尾调则是淡淡的木质回甜，几乎无任何东方香痕迹。

　　CK IN2U Her 是时下流行而泛滥的清新类型，典型的商业香，定位准确的快销品。它来得的时候铺天盖地，也许有一天它又会突然消失，那时请不要惊讶。

50 2009 女
如沐春雨的清凉花香

Euphoria Spring Temptation
迷情晶莹（春色诱惑）

香型 花香型
前调 梨花、番石榴叶、水香调
中调 粉百合、小苍兰花瓣、紫罗兰
尾调 白檀、麝香、龙涎香
网购参考价 210 元 /50ml EDP
专柜参考价 595 元 /50ml EDP

成熟：★★☆☆☆ 2.0　　甜美：★★⯪☆☆ 2.5
清爽：★★★★☆ 4.0　　休闲：★★★★☆ 4.0
留香：★★☆☆☆ 2.0

点评

　　前调如一杯清甜水润的混合果汁，还有少许鲜嫩绿植的微酸味。中调花开带出越发清晰的粉质香甜。之后则是寻常的木质甘甜收尾。

　　这款女香是 Euphoria 系列下一个春季限量版。香味时尚清新，但缺乏一些鲜明个性。带着春雨的水感，凉意略重，在乍暖还寒的初春恐难使用。年轻女性在夏季作为日常用香应是不错的选择。

51 1988 女
百花齐放，摇弋生姿
Carolina Herrera 同名女香

香型 花香型

前调 杏、香柠檬、橙花、巴西红木、绿植香调

中调 法国茉莉、西班牙茉莉、铃兰、水仙、伊兰、忍冬、风信子、印度晚香玉

尾调 雪松、檀香、麝香、橡树苔、广藿香、麝猫香、龙涎香

网购参考价 350 元 /50ml EDP

成熟	★★★✬☆ 3.5	甜美	★★★☆☆ 3.0
清爽	★✬☆☆☆ 1.5	休闲	★★☆☆☆ 2.0
留香	★★★★☆ 4.0		

点评

我只想用一个词来形容这款香水：繁花似锦。

茉莉、铃兰、晚香玉……清晰的身影摇曳其中。不用担心谁会抢了谁的风头，众多白花互相簇拥映衬，你中有我，我中有你，交织出欢声四溢的馥郁芳香。

非常不错的夜宴用香，留香持久，日常也可以少量喷洒。春、秋、冬三季适用。

52 1997 女
颠覆传统的大胶囊

212

香型 花果香型

前调 柑橘、香柠檬、橙花、仙人掌花

中调 玫瑰、茉莉、百合、小苍兰、栀子花、白色山茶花

尾调 檀香、麝香

网购参考价 260 元 /60ml EDT

专柜参考价 650 元 /60ml EDT

成熟：★★☆☆☆ 2.5
甜美：★★☆☆☆ 2.0
清爽：★★★☆☆ 3.0
休闲：★★★☆☆ 3.5
留香：★★☆☆☆ 2.5

点评

以数字命名的香水有很多，所以 Carolina Herrera 将品牌注册地——纽约的区号 212 作为一款香水名，倒也不足为奇。60ml 的 212，两端球体可以单独拆下，似乎又有"既能二合一，又可一分为二"的含义，居家随身两不误。这个颠覆传统概念，一瓶当两瓶使的"大胶囊"，立刻成为 Carolina Herrera 招牌式的香水造型。

小花簇拥着甜橙果香，开场清新透亮。之后便是花朵盛放的时刻，绵软甜美直至消散。很难说清是什么花香让中、尾调持续散发着妩媚之态，娇俏却不浮躁，端庄又不流于沉闷。

212 有些多面，春秋冬季都可使用，不限穿着。夏季夜店也可尝试。

注：30ml 为普通瓶装，不能拆分成两个球体。

53 `1999` `男`

优雅时尚，温柔男香

212 Men

香型 木质花香型

前调 栀子花、紫罗兰、鼠尾草、青胡椒、姜

中调 玫瑰、茉莉、百合、小苍兰、栀子花、白色山茶花

尾调 檀香、麝香、乳香、香根草、劳丹脂、愈疮木

网购参考价 240 元 /50ml EDT

专柜参考价 560 元 /50ml EDT

成熟：	★★⯪☆☆ 2.5	甜美：	★⯪☆☆☆ 1.5
清爽：	★★★☆☆ 3.0	休闲：	★★★⯪☆ 3.5
留香：	★★☆☆☆ 2.0		

点评

花朵是 212 Men 的主音符。新鲜的青胡椒和姜在轻柔花香中欢欣跳跃，带出辛辣适度的醒目前奏。等到花朵完全绽放，奏出静逸优雅的主乐章。尾声时花香渐淡，陪着木质清香悄然退场。

适合自信优雅的男士，弥漫感很好，四季皆宜（夏季可适当减少用量）。

54 2006 女 无限延续的流行气息

212 On Ice 2006
冰冻时刻

香型 花果香型
前调 橘子、香柠檬、葡萄柚
中调 玫瑰、茉莉、牡丹、栀子花、红浆果
尾调 檀香、麝香
网购参考价 260 元 /60ml EDT

成熟：★★☆☆☆ 2.5　甜美：★★☆☆☆ 2.0
清爽：★★★☆☆ 3.5　休闲：★★★☆☆ 3.5
留香：★★☆☆☆ 2.0

点评

　　其实我纠结了很久。212 的限量版太多，十个手指头都数不过来，究竟谁更具代表性？ 2003 年推出 212 H_2O，不仅将"双球"胶囊造型延续下来，还增加趣味汽水瓶型的玻璃外壳。 2004 年 212 On Ice 冰块外壳，更将外观设计推向一个巅峰。之后几乎每年一款 On Ice 限量，将香迷荷包尽数掏空。为防瓶控们审美疲劳，2008 年再推"易拉罐装"的 212 Splash……对不起，我跟不上您的步伐了，请容我在 2006 年和这个无穷无尽的系列洒泪惜别。

　　总体而言，不论是 212 H_2O、212 On Ice 还是最新的 212 Splash，从外观就可看出，Carolina Herrera 将香水的重心转向了更年轻时尚、更具流行趋势的清新花果类型。这些形形色色的限量以 212 老版的柔媚花香为基础，丰富了更多鲜嫩果味和水感趣致。有传承一脉的优势，也有味道雷同的劣势。相比之下，我倒比较怀念 212 H_2O 那清脆的小黄瓜味儿，也许因为它是 212 限量的第一代吧。

　　春夏季节，18-30 岁年轻女性通杀。

55 1911 女 百年滋味就在此处流淌

Narcisse Noir 黑水仙

香型 东方花香型
前调 非洲橙花、水仙
中调 玫瑰、茉莉、橙
尾调 香根草、檀香、麝香
网购参考价 290 元 /50ml EDT

成熟：★★★★☆ 4.0　　甜美：★☆☆☆☆ 1.0
清爽：★★☆☆☆ 1.5　　休闲：★★☆☆☆ 2.5
留香：★★★☆☆ 3.0

点评

　　如果你想了解法国香水的历史，Caron 绝对是不应忽略的品牌，你可以从它的身上看到香水世界的富丽堂皇。如果你想了解 Caron 的历史，那么不妨从 Narcisse Noir 入手。它虽然不是该品牌的处女作，却是市面上能买到的最古老的 Caron 香水，而且是创始人 Ernest Daltroff 的早期成功代表，可说是百年滋味就在此处流淌。

　　Narcisse Noir 开场便是浓郁强势的香雾。橙花和茉莉明亮得耀眼，带着挑衅的神情。麝香随后出现，在另一个空间绽放华丽而深邃的气息。明暗两条主线平行蔓延，水仙仿佛是穿插其中隐晦难言的潜台词。最后，所有质感都交集一处，化作慵懒的余韵慢慢消散。

　　整体香气浑厚，风格怀旧。适合成熟女性秋冬季节使用。

56 `2000` `女`

白花熟女，华美绚丽

Lady Caron 卡朗女士

香型 西普花香型

前调 茉莉、玉兰、橙花油

中调 玫瑰、晚香玉、桃子、覆盆子

尾调 檀香、橡树苔

网购参考价 320 元 /50ml EDP

成熟：★★★☆☆ 3.0
甜美：★★⯪☆☆ 2.5
清爽：★★⯪☆☆ 2.5
休闲：★★⯪☆☆ 2.5
留香：★★★☆☆ 3.0

点评

　　前调颇为醒目，鲜活明亮的多种白色花香，相互交融又质感清晰。中调更显馥郁芬芳，花团锦簇精致绚丽，香甜果味轻快流畅。这种热闹的场景一直绵绵延伸至尾调，待主角们逐个退场，只留下黯然冷清的木质气息，和晚香玉的淡淡残韵。

　　整体花香华美，质感丰富。适合年轻成熟女性在春、秋两季使用。

57 [1995] [女]

甜蜜温馨，俏丽小妇人

So Pretty de Cartier
窈窕美人（美丽佳人）

香型 花香型

前调 桃、黑莓、柑橘、香柠檬、橙花油

中调 玫瑰、茉莉、铃兰、鸢尾、兰花、鸢尾根

尾调 雪松、檀香、麝香、安息香、橡树苔、香根草

网购参考价 330 元 /50ml EDT

成熟：★★★½☆ 3.5		甜美：★★★☆☆ 3.0
清爽：★★½☆☆ 2.5		休闲：★★☆☆☆ 2.0
留香：★★½☆☆ 2.5		

点评

　　作为珠宝行业的领军人物 Cartier，其早期香水，如：Must de Cartier、Panthere，都带有鲜明的奢华气质，造型独特工艺精湛，针对有一定事业基础的用户群体。与上述两款香水相比，曾获得 1996 年 FiFi Award 菲菲奖的 So Pretty 则显得更为平易近人。桃子与柑橘的果香开场，甜蜜感十足。玫瑰与兰花的香气逐渐加入，混合着鸢尾的淡淡粉香，温暖惬意。适度的木质与东方香料让尾调大方平和，幸福温馨，俏丽的小妇人形象呼之欲出。

　　整体风格柔美稳重，成熟女士可在春、秋、冬三季使用，亲友聚会、逛街购物、日常家居均可。

关于香水的故事

　　很多香水都会附加一些有趣的故事，或是研发过程的传奇，或是某些名人使用过的趣闻，即便是名头不算强大的 So Pretty 也有一个纪念两大时尚家族联姻的背景。

　　故事始终是故事，甚至可能是商家的推广手段，可读、可玩味，却万万不能当成解读香味的关键。它并不能体现出香水的真实价值，也无法说明其适合的人群、季节、场合等等。

　　请相信你自己的鼻子，相信你对自己气质风格的判断，分清你自己的嗅觉需求，你就是香水的另一个故事，一个最精彩、最真实的故事。

58 2001 中
鲜活柚子，绿植清新

Eau de Cartier 卡地亚之水

香型 柑橘香型

前调 香柠檬、日本柚、芫荽

中调 紫罗兰、薰衣草、紫罗兰叶

尾调 雪松、麝香、白龙涎香、广藿香

网购参考价 270 元 /50ml EDT

成熟：★★☆☆☆ 2.5　甜美：★☆☆☆☆ 1.0
清爽：★★★★☆ 4.0　休闲：★★★★☆ 4.0
留香：★☆☆☆☆ 1.0

点评

　　Cartier 旗下首款中性香水，水准不俗，上市后又有多款后续及限量版本推出。

　　清新鲜活的柚子开场，绿植气息紧随其后，香味淡而有形，轻盈透亮。薰衣草悄无声息的飘来，为整体注入洁净舒缓之感。只可惜中调有些过于清淡了，一不留神，花果的身影已悄然溜走，只剩下薄薄一丝绿植与木质混合的微甜香气。

　　整体风格低调别致，在办公室等公共场所使用，也不会引起他人反感。清新凉爽，适合夏季。

59 `2006` `女` 甜美时尚的流行之味

Délices de Cartier

黛丽（欢欣）

`香型` 花果香型

`前调` 樱桃、香柠檬、粉胡椒

`中调` 茉莉、小苍兰、紫罗兰

`尾调` 檀香、龙涎香、零陵香豆

`网购参考价` 450 元 /50ml EDT

成熟:	★☆☆☆☆ 1.5	甜美:	★★★☆☆ 3.0
清爽:	★★★☆☆ 3.0	休闲:	★★★☆☆ 3.5
留香:	★★★☆☆ 3.0		

`点评`

　　Cartier 针对年轻时尚客户群体推出的 Delices，外形精美别致，色彩艳丽。风格紧随流行趋势，一派花果飘香的甜美景象。

　　前调樱桃与辛香料的组合相当出色，香甜美味，还带着一丝薄荷糖的清凉俏皮。中调花香渐浓，尾调粉甜稍重，与樱桃混合出奶油果脯的味道，久闻略有些沉闷。

　　适合活泼开朗的女生，在春、夏、秋三季使用。

60 2001 女
这个天使有点"坏"

Castelbajac
坏天使

香型 东方花香型
前调 橙花、杏仁
中调 铃兰、仙客来
尾调 香草、雪松、麝香、广藿香
网购参考价 420 元 /30ml EDP

成熟：★★☆☆☆ 2.0
甜美：★★☆☆☆ 2.0
清爽：★★☆☆☆ 2.0
休闲：★★★★☆ 3.5
留香：★★★☆☆ 3.0

点评

不可否认我是个瓶控，对于 Castelbajac 暖水袋的怪异造型，又怎可放过呢？但我绝不只计较外观，对香味的探求也是必须的。

它的确很"坏"，开场很苦，背后衬着糖浆般的甜蜜，像黑巧克力一样迷人。仔细再闻，其实是杏仁在作祟。橙花呢？我不想说橙花，它一定是被气走了。苦味褪去了，花朵才微微探出头，很快又被香草和广藿香的浑厚气息遮挡住了。

Castelbajac 的味道颇具特色，美食香甜和 Angel 有点相似，不过更凉更柔，细节变化略简单。适合活泼开朗的年轻女性，春、秋、冬三季适用。

61 1995 女
清秀玫瑰，优雅低调

Cerruti 1881 赛露迪 1881

香型 花香型

前调 香柠檬、玫瑰、茉莉、铃兰、鸢尾、小苍兰、金合欢、紫罗兰

中调 橙花、茉莉、水仙、鸢尾、晚香玉、洋甘菊、天竺葵、芫荽、波斯树脂、巴西红木

尾调 香草、雪松、檀香、麝香、龙涎香

网购参考价 260 元 /50ml EDT

成熟：★★☆☆☆ 2.5　甜美：★☆☆☆☆ 1.5
清爽：★★★☆☆ 3.5　休闲：★★★☆☆ 3.5
留香：★★★☆☆ 3.0

点评

前调像一阵凉风，带着清晰的玫瑰花蕊香气吹来。这种纯净柔和的花香一直延绵下去，其他香料的加入丰富了玫瑰的气息，更带来几分暖意。

Cerruti 1881 又被称作 "fleur de lin" 亚麻之花，我不禁拿它和雅诗兰黛的 White Linen 白色亚麻相比较。可是两者似乎并无相同之处。Cerruti 1881 是清秀内敛的玫瑰香，White Linen 则是奔放富丽的醛香花香。

Cerruti 1881 适合优雅低调的知性女子，春、夏、秋三季皆宜。

62 1921 女
只在适合的人身上华丽闪光

Chanel N°5

香奈儿 5 号

香型 醛香花香型

前调 醛、柠檬、伊兰、橙花油、香柠檬

中调 玫瑰、茉莉、铃兰、鸢尾、鸢尾根

尾调 香草、檀香、麝香、香根草、橡树苔、广藿香、龙涎香、麝猫香

网购参考价 600 元 /50ml EDP

专柜参考价 940 元 /50ml EDP

成熟	★★★☆☆ 3.5	甜美	★★☆☆☆ 2.0
清爽	★★☆☆☆ 2.0	休闲	★★☆☆☆ 2.0
留香	★★★★☆ 4.0		

点评

终于写到 5 号了，下笔前有些哆嗦。这个被神化了的香水，无数人慕名追逐，有惊叹推崇，有大呼上当——明明是 ×× 牌花露水，还卖这么贵！好吧，我只能说，5 号不是入门香，少女们自觉闪开！爱清新者请回避！不适合自己的，名号再响亮也是砒霜。

5 号最大的特色，就是其醛香强势，气场张扬。花香醇厚富丽，细织密缕质感柔韧。尾调檀与麝香也很精致绵长。它不是轻纱薄衫，无法任人随意"穿戴"。好坏优劣，见仁见智。俗与不俗，只在一线之隔。选择它，需要的是时间与阅历。穿对了，不动声色也带着华丽气场。

注：本文评述为 EDP 淡香精版本。

63 1970 女

风华内敛熟女香

Chanel N° 19
香奈儿 19 号

香型 西普绿植花香型

前调 香柠檬、橙花油、风信子、波斯树脂

中调 玫瑰、茉莉、铃兰、鸢尾、水仙、伊兰、鸢尾根

尾调 雪松、麝香、皮革、橡树苔、香根草、檀香

网购参考价 450 元 /50ml EDT

专柜参考价 750 元 /50ml EDT

成熟：★★☆☆☆ 2.5   甜美：★☆☆☆☆ 1.5
清爽：★★☆☆☆ 2.5   休闲：★★☆☆☆ 2.0
留香：★★☆☆☆ 2.5

点评

　　总是情不自禁拿 19 号与 5 号对比。同为 Chanel 的当家花旦，19 号有 1973 年首届菲菲奖傍身，虽敌不过 5 号的耀眼光芒，也算得各有成就。同样有醛有花，两者却是不同感受。

　　相比之下，5 号成熟奔放，19 号风华内敛。香气变化丰富而含蓄，一不留神就可能错过了细节。花影婆娑，显而不露。绿植颇盛，青鲜微酸。一时有些树脂腥涩，又转瞬即逝，只留温润暖意延续。醛香飘如薄纱，不再是强势的主角。

　　整体气息柔和润泽，较易穿戴。适用年龄、季节与场合均比 5 号更宽泛。

对不起，你穿的可能不是梦露的睡衣

曾有个女孩子，拿着新买的 N°5 EDP 对我说："这就是梦露那件睡衣吧，今儿晚上我就穿它睡了。"看着那兴奋的表情，我真的狠不下心肠对她说：对不起，你穿的可能不是梦露的睡衣。

众所周知，香水根据不同的精油含量，会区分为不同的浓度版本，常见的有：PARFUM（香精）、EDP（淡香精）、EDT（淡香水）、EDC（古龙水）。一般来说，各种浓度版本的主题一致，但强度、留香度等细节会稍有不同。而一些古老的香水，各个浓度版本的推出时间跨度很大，调香师会根据实际情况进行调整，版本间的细节差异就会更大。

1921 年，N°5 面世，由 Ernest Beaux 调制；1960 年，EDT 版本面世，由 Henri Robert 主持推出；1986 年，EDP 版本面世，由 Jacques Polge 主持推出。三个版本，三个时间，三个调香师，其中微妙变化不言而喻。

即便选对了浓度，对于 N°5 这种历史悠久，销量极为庞大的香水而言，配方中使用的香料（尤其是天然香料），受自然因素与法规限制等等，时常会出现一些变更。在优秀调香师们的努力维持下，一年换一种可能觉不到差别，但数十年后呢？

64 2001 女
甜香四射的轻熟之作
Coco Mademoiselle
可可小姐

香型 西普花香型
前调 橙、柑橘、香柠檬、突尼斯橙花
中调 土耳其玫瑰、茉莉、伊兰、金合欢
尾调 香草、白麝香、香根草、广藿香、防风根、零陵香豆
网购参考价 550 元 /50ml EDP
专柜参考价 940 元 /50ml EDP

成熟 ★★☆☆☆ 2.5　　甜美 ★★★☆☆ 3.0
清爽 ★★☆☆☆ 2.0　　休闲 ★★★☆☆ 3.0
留香 ★★★☆☆ 3.0

点评

　　出自 Chanel 第三代调香掌门人 Jacques Polge 之手的 Coco Mademoiselle，与前辈们相比资历虽浅，但也有 2002 和 2008 两届菲菲奖的不俗成绩。

　　既然叫可可小姐，必年轻朝气，青春洋溢。她甜香四射，激情欢快。只是香料堆砌感颇重，硬生生托举着单薄的甜，闻之闷结，香气团在喉嗓无法扩散。花朵也是寡淡无质感。

　　整体香味有一定特色，但欠缺精致。适合轻熟女在春、秋、冬三季使用。

65 2002 女
春夏街头的时尚邂逅

Chance 邂逅

香型 花香型

动态星群香调 白麝香、风信子、香橼、粉胡椒、茉莉、香根草、鸢尾、广藿香

网购参考价 450 元 /50ml EDT

专柜参考价 750 元 /50ml EDT

成熟：★★☆☆☆ 2.0
甜美：★★☆☆☆ 2.0
清爽：★☆☆☆☆ 1.5
休闲：★★★★☆ 4.0
留香：★★★☆☆ 3.0

点评

　　2003 年 FiFi Award 奢华女香奖得主 Chance，再次印证了香奈尔香水拿奖到手软不是什么稀罕事。同样出自名师 Jacques Polge，Chance 并未遵循传统三调，而是以开创性的"动态星群香调结构"示人。

　　Chance 除了开场柑橘与胡椒的辛香感与 Coco Mademoiselle 有点挂相，之后还是挺清新可人的。花香淡雅柔和，没有什么特出的质地。香根草倒是很新鲜清甜，带着水嫩。至于那个所谓如行星绕行散发香味之举，在我看来更像是一种营销策略罢了。

　　整体花香轻柔粉甜，绿意生机盎然。品质和精致度足矣，流行是必然的，内涵还是经不住考量的。适合年轻女性，主打春夏季节。

66 **1975** **女**

时代的印记 成熟花香

Chloe 同名女香

香型 花香型

前调 醛、桃、椰子、香柠檬、橙花、忍冬、伊兰、紫丁香、风信子

中调 玫瑰、茉莉、水仙、康乃馨、晚香玉、鸢尾根

尾调 雪松、檀香、麝香、橡树苔、龙涎香、安息香

网购参考价 240 元 /50ml EDT

成熟：★★★☆☆ 3.5　　甜美：★★☆☆☆ 2.0
清爽：★★☆☆☆ 2.0　　休闲：★★☆☆☆ 2.0
留香：★★☆☆☆ 2.0

点评

　　每次看到 Chloe 的香水，都会想起 Karl Lagerfeld，如果没有这位有史以来对香水最疯魔的可爱老头，没有他的强烈要求，Chloe 可能不会涉足香水世界，至少不会那么早。

　　对该品牌香水产生兴趣，主要源自两款漂亮的香精瓶——Chloe 同名女香与 Narcisse 水仙美少年。Chloe 是该品牌的首秀，红润丰腴的香精瓶身，头顶马蹄莲，生动乖巧，与同时代的香瓶对比，造型别致，时尚超前，夺得 1976 年 FiFi Award 包装设计奖，当之无愧。

　　不过，造型超前并不代表香味超前。虽然使用了近 200 种香料，但缺少鲜明个性，时代印迹明显，无法从众多的花香型香水中脱颖而出。

　　整体风格偏成熟，醛的使用比较适度，花香繁复但不强势，秋冬季节，既可出席宴会场，也可以家居使用。

　　2007 年，Chloe 又推出一款同名香水，四方棱瓶，浓度为 EDP，味道与老版截然不同。以清新花果为主，更贴近时下年轻消费者的喜好。

　　注：本文实测及配图为 EDT 版本。

67 1992 女
甜蜜华丽的孤芳自赏

Narcisse

水仙美少年（自恋）

香型 东方花香型

前调 桃、杏、菠萝、橙花、紫罗兰、金盏花

中调 玫瑰、玫瑰油、茉莉、水仙、康乃馨、栀子花、辛香料

尾调 香草、雪松、檀香、麝香、妥鲁香膏

网购参考价 240 元 /50ml EDT

成熟 ★★★☆☆ 3.5　　甜美 ★★★☆☆ 3.5
清爽 ★☆☆☆☆ 1.5　　休闲 ★★☆☆☆ 2.5
留香 ★★★☆☆ 3.5

点评

中国人称水仙为凌波仙子，自然有其道理。亭亭玉立，清秀典雅，自有仙子的脱俗风采。而 Chloe 的 Narcisse，诠释的却是希腊神话中那位顾影"自恋"的水仙美少年。

一不小心涂抹撒了，浓郁的香味扑面而来，满手都是，洗也洗不净。繁复细腻的花与东方气息，还有残留手心清晰的檀香味，将我团团包裹。孤芳自赏的强烈气场，甜蜜华丽到令人陶醉。

整体香味甜美富丽，妖娆妩媚。适合成熟女性在春、秋、冬季使用。家居休闲、二人世界、亲友聚会，或正式社交场合皆可。

95

68 1994 女
甜美丰盛的东方美食香

Casmir 喀什米尔（卡丝莫）

香型 东方花果香型

前调 桃、杏、椰子、芒果、香柠檬、黑醋栗、覆盆子

中调 柑橘、玫瑰、茉莉、铃兰、伊兰、肉桂、天竺葵、康乃馨、红木

尾调 香草、檀香、麝香、广藿香、龙涎香、黑莓、防风根、零陵香豆、海狸香油、安息香

网购参考价 240 元 /50ml EDP

成熟	★★★☆☆ 3.5	甜美	★★☆☆☆ 2.5
清爽	★★☆☆☆ 2.0	休闲	★★★☆☆ 3.0
留香	★★★☆☆ 3.5		

点评

Casmir 无疑是 Chopard 打开香水行业的成功敲门砖，不仅赚了大把银子，还获得 1995 年 FiFi Award 最佳女香奖，可谓名利双收。

Casmir 的外盒和瓶身都有莲花图案，不过香味倒与莲花无关，也许只为呼应它东方的名字和香型。前调是淋着奶油的水果拼盘，颇有些美食香的架势。中调褪去了果味，奶油依旧，再撒上肉桂粉和花瓣，香甜浑厚有力，微辛却不燥热。这种独特的味道逐渐丰盛，混合着清晰的香草和黑莓，交织出别具一格的东方尾调。

轻熟女秋冬季节适用。年轻女子也可在宴会场合使用。

69 `1998` `女`
香甜可口的东方美钻

Wish 希望

`香型` 东方花香型

`前调` 椰子、野草莓、中国醋栗、橙花、忍冬、洋槐、巴西红木

`中调` 铃兰、兰花、紫罗兰、天芥菜、蜂蜜、牛奶

`尾调` 香草、焦糖、檀香、乳香、广藿香、龙涎香

`网购参考价` 260 元 /50ml EDP

成熟：★★★☆☆ 3.0
甜美：★★★★☆ 4.0
清爽：★☆☆☆☆ 1.5
休闲：★★★☆☆ 3.0
留香：★★★★☆ 4.0

`点评`

Casmir 的成功无疑是一针强心剂。Chopard 动用了 IFF 国际香料公司一批顶尖人马调制第二款女香 Wish。这颗"大钻石"不论从品质还是外形都堪称 Chopard 的杰作。

Wish 的三调非常丰盛，甜美可口且东方，还带着点 Casmir 的影子，细节却完全不同。前调有椰子的奶香和醋栗的独特果味；中调是浓郁的蜂蜜加牛奶打底，花香更丰富了甜蜜感；尾调依然很美味，香草、焦糖和广藿香的明显痕迹又像是 Angel，却少了些天真烂漫。

可作为秋冬季节约会和晚宴用香。

70 2001 女 绿野繁花，春日印象

Eau Floral
花之水

香型 花香型

前调 橘子、香柠檬、紫罗兰叶

中调 铃兰、栀子花、晚香玉、仙客来

尾调 鸢尾、雪松、檀香

网购参考价 200 元 /35ml EDT

成熟　★★☆☆☆ 2.5
甜美　★☆☆☆☆ 1.5
清爽　★★★☆☆ 3.5
休闲　★★★★☆ 4.0
留香　★★☆☆☆ 2.0

点评

我心目中的时尚大师，应该对细节与色彩有强大的驾驭能力，哪怕是极普通的事物，随手点拨一二，精彩与个性立时喷薄而出。Christian Lacroix 就是这样的大师，无论他的时装还是香水，总有一些不与人同的东西让人回味。

该品牌有三只可爱的"大海螺"，造型新颖做工精致，线条优美流畅，可把玩，可观赏。而味道上，我更喜欢第二只——2001年面世的 Eau Floral 花之水。

冬去春回，草绿天蓝，漫步原野间，红色的、粉色的、白色的花朵，悄然绽放，香气在鼻尖轻旋，情意绵绵——这就是花之水带给我的春日印象，绿植气息打底，主体花香柔和温存，富有生命力。

如果你正在寻找一款大方得体的春香，不妨尝试一下。

71 2005 女

个性新颖的情侣佳作

Tumulte pour Femme
悸动女香

香型 东方花香型

前调 柑橘、玫瑰、小苍兰

中调 玫瑰、鸢尾、天芥菜

尾调 麝香、广藿香、零陵香豆

网购参考价 300 元 /30ml EDP

成熟：★★☆☆☆ 2.0
甜美：★★★☆☆ 3.0
清爽：★★☆☆☆ 2.0
休闲：★★☆☆☆ 2.5
留香：★★★☆☆ 3.5

点评

Christian Lacroix 所有香水中，我最欣赏的就是 Tumulte 悸动，无论外观还是味道，都传达出强烈的个性色彩。

鼻烟壶造型工艺精巧，色调搭配靓丽夺目，细腻图纹充满异域风情。

华丽的花香开场，兰花与枝叶的绿色气息混合，鲜明强烈富有朝气。中尾调花香更加繁复，广藿香的淡淡药料味逐渐显现，让整体更加浑厚，还多了一些神秘感。

从这个香味上可以找到很多熟悉的影子，但经过借鉴改良，重新融合出新颖强烈的嗅觉大餐。华丽娇艳，醇厚香甜，适合活泼开朗的女士，在秋冬季节出席宴会场、夜店狂欢、情侣约会均可。

另外，Tumulte 是情侣对香，男款也很出色，前调辛香味与尾调的檀香都有上佳表现。

72 1988 女 香水帝国的感叹
Ex'cla-ma'tion 感叹

香型 花香型

前调 杏、桃、香柠檬、绿植香调

中调 玫瑰、茉莉、铃兰、天芥菜、鸢尾根

尾调 香草、雪松、檀香、麝香、肉桂、龙涎香

网购参考价 100 元 /50ml EDC

成熟：★★☆☆☆ 2.5　　甜美：★★★☆☆ 3.0
清爽：★★★☆☆ 3.0　　休闲：★★★☆☆ 3.0
留香：★★☆☆☆ 2.0

点评

　　下笔之前一阵茫然，几句香评，寥寥百字，如何能描绘出这个香水帝国的真实面貌？如何能说清它对近代香水工业的影响力？百余年历史，难以计数的产品，经典有之糟粕有之，赞誉有之辱骂有之。我又该写哪个？即便是我躲开这个章节，这本书里依然会有众多香水与它有着千丝万缕的联系，骨头上深深烙印着——Coty！

　　每次和朋友们聊起 Coty，都会引发一阵感叹。既然如此，那就写写这款名叫"感叹"，又赢得过 1989 年菲菲奖的香水吧。名字叫"感叹"并不稀奇，好玩的是连瓶子也做成"感叹号"。不过做工较糙，别报以太大期望。

　　开场香甜且异常清凉，不禁想起孩童时代常吃的薄荷糖棍儿。中调花香轻柔辅以绿植，甜而微酸，像苹果的滋味。尾调依然有些花朵身影，混合木质粉甜消失殆尽。整体香味中规中矩，并无特别惊艳之处。

　　适合春、夏、秋三季，休闲和正装皆可。

73 **1985** 男
清新传世，绅士之味

Green Irish Tweed
爱尔兰绿花呢

香型 绿植木质型
前调 佛罗伦萨鸢尾、法国马鞭草
中调 紫罗兰叶
尾调 迈索尔檀香、天然龙涎香
网购参考价 1200 元 /75ml EDT

成熟：★★★☆☆ 3.0		甜美：★☆☆☆☆ 1.0	
清爽：★★★☆☆ 3.5		休闲：★★☆☆☆ 2.5	
留香：★★☆☆☆ 2.5			

点评

　　对于有二百余年历史的 Creed 而言，最不缺少的就是欧洲王室与贵族的用户背景，上至茜茜公主，下至即将大婚的威廉王子，它家的香水大多能和名流拉上关系。也许这只是 Creed 的营销策略与宣传手段，但不能否认，它家的确拥有大量的传世之作，如：Fleurissimo、Royal Water、Fleurs de Bulgarie……当然，还有这个非常有意思的 Green Irish Tweed 爱尔兰绿花呢。

　　1985 年面世的 Green Irish Tweed 与另一款传奇香水 Davidoff Cool Water（1988年）有着惊人的相似度，因此也有一种传闻，说两款香水均为名鼻 Pierre Bourdon 调制（Creed 官网上公布的则是第六代继承人 Olivier Creed 调制）。调香师是谁且不去管它，但它们的时间差距是无法抹杀的，Cool Water 难逃借鉴或模仿之名。

　　近距离观察两款香水，Cool Water 的前调隐约有柑橘味，尾调偏凉有木质气息；而 Green Irish Tweed 更注重绿植气息与花香的组合，线路清晰层次分明，尾调檀香味醇厚微甜，选料上乘留香更佳。整体而言，CW 时尚气息浓也更阳刚些，而 GIT 继承了品牌的传统风格——优雅内敛。

　　适合春夏季节，成熟的白领男士休闲、办公皆可使用。

D

74 2006 男
超人气明星情侣香

Intimately Beckham men
亲密贝克汉姆
（迷人小贝）

香型 木质辛香型
前调 香柠檬、葡萄柚、小豆蔻
中调 八角、肉豆蔻、紫罗兰
尾调 檀香、广藿香、龙涎香
网购参考价 180 元 /50ml EDT

成熟：★★★☆☆ 3.5　　甜美：★☆☆☆☆ 1.5
清爽：★★☆☆☆ 2.0　　休闲：★★★☆☆ 3.0
留香：★★★☆☆ 3.0

点评

名人们都在出香水，小贝也坐不住了。凭着自己超高的人气，厚积薄发连推 15 款，其中包括 5 对情侣香。势要做到：男球迷、女粉丝，总有一款电到你。

Intimately Beckham 情侣对香双双获得 2008 年 FiFi Award 年度最受欢迎奖，可谓风头强劲。男香三调变化不大，侧重豆蔻和八角等甘甜辛香，收尾尽显檀香本色。总体味道温暖浑厚，柔情与沉稳并重。女香则以花朵演绎性感妩媚之态。

春、秋、冬三季，可作为成熟男士休闲和工作的日常用香。

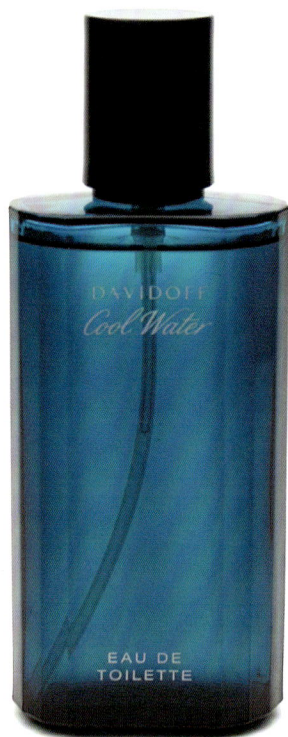

75 1988 男

海洋香型的里程碑

Cool Water 冷水

香型 水生香型

前调 海水、薄荷、芫荽、熏衣草、迷迭香、绿植香调

中调 茉莉、橙花、天竺葵、檀香

尾调 烟草、雪松、橡树苔、麝香、龙涎香

网购参考价 120 元 /40ml EDT

专柜参考价 328 元 /40ml EDT

成熟：★★★☆☆ 3.0　　甜美：★☆☆☆☆ 1.0
清爽：★★★☆☆ 3.5　　休闲：★★☆☆☆ 2.5
留香：★★☆☆☆ 2.0

点评

Davidoff Cool Water 与 Aramis New West 共同开创了用化学香料模仿海洋气息的调香先河，但前者的影响力与成绩远远超过后者，为男士香水写下了崭新的时尚定义。Cool Water 是调香大师 Pierre Bourdon 的扛鼎之作，他们的名字将共同镌刻在香水的历史丰碑之上。

前调充满舒缓的绿植青气，迷迭香和薰衣草微苦的药香隔着薄纱轻轻跳跃，开创性的水质气息带来踏浪逐波般的意境。中调延续着绿植，花香来得悄无声息，清透的橙花让水的质感越发明亮。收尾是非常轻柔洁净的混合香气。

与宝格丽 Aqva pour Homme 水能量的通俗直白、年轻时尚相比，Cool Water 的水香沉稳含蓄，富有张力。适合成熟内敛男士作为夏季休闲和工作的日常用香。

78 1996 女
风靡一时的清新女香

Cool Water Woman
冷水美人

香型 水生花香型

前调 菠萝、榅桲、柠檬、甜瓜、黑醋栗、百合、莲花

中调 玫瑰、茉莉、莲花、铃兰、睡莲、蜂蜜、山楂

尾调 黑莓、覆盆子、桃子、香草、檀香、紫罗兰根、麝香、香根草

网购参考价 160 元 /50ml EDT

专柜参考价 460 元 /50ml EDT

成熟：★★★☆☆ 3.0　　甜美：★★☆☆☆ 2.0
清爽：★★★☆☆ 3.0　　休闲：★★★☆☆ 3.0
留香：★★☆☆☆ 2.0

点评

　　时隔 8 年才诞生的 Cool Water Woman，依然是 Pierre Bourdon 的杰作，并请来设计大师 Peter Schmidt 施展点睛妙手，创造出一款简约精致的美丽香瓶，再加之 Cool Water 的影响力，获得巨大成功实属必然。

　　前调醒目，水香清冽透彻，酸酸的果味很是生津。花香伴着山楂和蜂蜜，让中调的水生质感略有些浑厚，酸味稍重，清凉却不够通透，水质有些闪烁。尾调以花果气息为主，与时下流行的清新花果香风格接近。

　　适合 22 岁以上女性，春夏秋三季，休闲、办公皆宜。

76 2005 男
木质甘甜的职场男香

Silver Shadow 银影

香型 木质东方香型

前调 苦橙、芫荽、雪松

中调 藏红花、广藿香

尾调 橡树苔、安息香、龙涎香

网购参考价 180 元 /30ml EDT

成熟：★★★☆☆ 3.0　　甜美：★★☆☆☆ 2.0
清爽：★☆☆☆☆ 1.5　　休闲：★★★☆☆ 3.0
留香：★★☆☆☆ 2.0

点评

　　木质气息开场，带着适度的甜，隐约还有烟草叶香。之后广藿香慢慢鲜明起来，甜味渐成主体。尾调稍显沉闷，东方香料束手束脚，稳重有余个性不足。中规中矩的味道似乎与 Silver Shadow 这个扮酷的名字有些差距。

　　职场帅锅在春秋季节使用，动静皆宜。

77 2006 男
无忧无虑的夏日男香

Cool Water Game for Man 冷水酷玩男香

香型 水生香型

前调 葡萄柚、罗勒、西瓜、柠檬马鞭草

中调 黑醋栗、薰衣草、紫罗兰叶

尾调 广藿香、木质香调

网购参考价 150 元 /30ml EDT

专柜参考价 398 元 /30ml EDT

成熟：★★☆☆☆ 2.0　　甜美：★☆☆☆☆ 1.0
清爽：★★★☆☆ 3.5　　休闲：★★★★☆ 4.0
留香：★★☆☆☆ 2.0

点评

　　Cool Water Game 主打清新时尚，矛头直指"不识愁滋味"的青少年用户。从产品名称上看，酷玩是冷水的后续，但从味道上讲，它更像是 Bvlgari Aqua Pour Homme（水能量）的后续。前调多些果味更显年轻活泼，尾调又略单薄，弥漫感与持久力均不如水能量出色。

　　整体清新时尚，适合夏季，休闲无拘束。

79 2008 男
演绎男性柔情

Adventure
探险（追风骑士）

香型 木质辛香型

前调 柠檬、柑橘、香柠檬、茶叶、黑胡椒

中调 黑芝麻、南美洲甜椒

尾调 秘鲁雪松、香根草、白麝香

网购参考价 200 元 /50ml EDT

专柜参考价 410 元 /50ml EDT

成熟：★★☆☆☆ 2.5　　甜美：★★☆☆☆ 2.0
清爽：★★☆☆☆ 2.5　　休闲：★★★☆☆ 3.0
留香：★☆☆☆☆ 1.5

点评

　　Francis Kurkdjian 与 Antoine Lie 都是近年来声名鹊起的名鼻。但他们给 Davidoff 分别调制的 Silver Shadow 和 Adventure，都像是香水世界中的快餐，唤不起太多兴趣。

　　Davidoff 显然是很看重 Adventure 的，花了大把银子拉上 Ewan McGregor（伊万·麦克格雷格）一起"探险"。可惜，开场的轻柔，尾调中的粉甜，始终无法与穷山恶水、丛林秘穴扯上关系，倒是让我想起了电影《我爱你，莫里斯》中，那个与金凯瑞死命缠绵的"销魂伊万"。

80 2000 中 晾晒在阳台的白衬衣

Laundromat 洗衣间

香型 不详

原料 不详

网购参考价 170 元 /30ml EDC

专柜参考价 285 元 /30ml EDC

成熟：★★☆☆☆ 2.5　甜美：★☆☆☆☆ 1.0
清爽：★★★★☆ 4.0　休闲：★★★★⯪ 4.5
留香：★☆☆☆☆ 1.0

点评

还有什么气味比 Laundromat 更清新洁净？！它是阳台上晾晒着的洁白衬衣，散发着淡淡的洗衣粉清香，还有一丝阳光的温馨暖意。

主打夏季，休闲和办公场合皆宜。

81 2002 中 夏日修剪后的青草香

Wet Garden 雨后花园

香型 花香型

原料 兰花、铃兰、风信子、康乃馨、水香调、土壤气息

网购参考价 170 元 /30ml EDC

专柜参考价 285 元 /30ml EDC

成熟：★★☆☆☆ 2.0　甜美：★☆☆☆☆ 0.5
清爽：★★★★⯪ 4.5　休闲：★★★★⯪ 4.5
留香：★☆☆☆☆ 1.0

点评

很多人问我，什么香水最像修剪草坪时散发的气味？Wet Garden 就是最好的答案！

其实很多香水都带有近似青草的绿植气息，只是要么略苦要么略酸，或是辛辣颇重，离我脑海中"割草机掠过时带出的香味"相去甚远。Wet Garden 的青和酸，难得恰到好处，似苦又非苦，花香提升鲜嫩感，还有一丝泥土腥气。也许 Wet Garden 改名叫"割草机"更为贴切。春夏季节，想怎么用就怎么用吧，宴会场合除外。

82 不详 中
美味低糖趣多多
Chocolate Chip Cookie
巧克力曲奇

香型 美食香型
原料 糖、香草、白巧克力、墨西哥巧克力
网购参考价 170 元 /30ml EDC
专柜参考价 285 元 /30ml EDC

成熟：★★☆☆☆ 1.5　甜美：★★☆☆☆ 1.5
清爽：★★☆☆☆ 2.0　休闲：★★★★☆ 4.5
留香：★☆☆☆☆ 1.0

点评

　　刚喷出时充满苦味，我有点担心是不是烤箱的火候大了？苦味散开之后，就是绝对的美食，活脱脱的"趣多多"饼干，低糖型的。
　　饿了就喷它吧。不过，有可能会更饿。

83 2004 中
色彩斑斓的鲜果酒香
Cosmopolitan Cocktail
欲望城市鸡尾酒

香型 美食香型
原料 橙、青柠、蔓越莓
网购参考价 180 元 /30ml EDC
专柜参考价 305 元 /30ml EDC

成熟：★★★☆☆ 3.5　甜美：★★☆☆☆ 1.5
清爽：★★☆☆☆ 2.0　休闲：★★★★☆ 4.0
留香：★☆☆☆☆ 1.0

点评

　　香水喷出刹那，带着酒意的果味扑面而来。几片酸酸的青柠，少许蔓越莓汁，在伏特加酒的混合之下，散发着微醺迷醉的气息。缺点：酒香消退之后整体略显沉闷。
　　轻熟女休闲场合适用。驾车、上班时禁用。

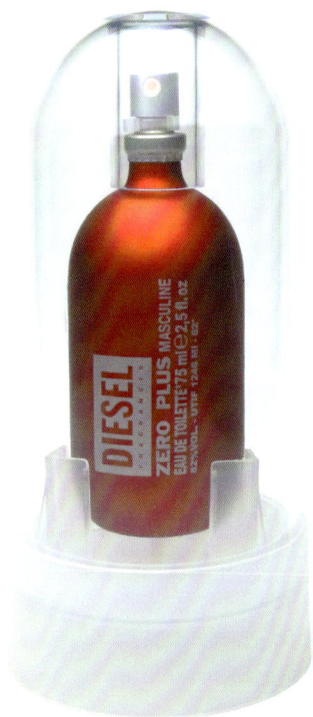

84　2000　男

酸甜生津的果脯香

Zero Plus Masculine
水深火热

香型 木质东方香型

前调 橙、香柠檬、茴香、肉豆蔻、小豆蔻

中调 玫瑰、茉莉、铃兰、紫罗兰、肉桂

尾调 香草、麝香、天芥菜、广藿香、龙涎香

网购参考价 200 元 /75ml EDT

成熟　★★☆☆☆ 2.5
甜美　★★☆☆☆ 2.0
清爽　★★☆☆☆ 2.0
休闲　★★★☆☆ 3.5
留香　★★☆☆☆ 2.0

点评

　　第一次对 Diesel 这个品牌产生兴趣，是源于那张恶搞"雅尔塔会议"三国元首合影的广告画，构思奇特，大胆泼辣。他家的香水也是如此，外形总是别出心裁夺人眼球，有的做成奶瓶的样子，有的做成喷壶，这款 Zero Plus Masculine 则做成了灭火器的形状，暗红香瓶，外面罩一个玻璃罩，漂亮精致。

　　它的味道也很独特，肉桂、柑橘加辛香料的组合，酸甜生津，香气诱人，有点像九制话梅。东方香料散发着淡淡药香，似苦回甜，绵软平和很耐品味。在男香的世界中也算是中上之作了。

　　风格时尚带少许另类，活泼又不失稳重。秋冬季节，适合青年男士休闲环境使用。外观新颖独特，性价比高，也可当做礼物馈赠亲友。

85 1966 男
半个世纪的时尚清新

Eau Sauvage
野水（清新之水）

香型 柑橘香型
前调 柠檬、香柠檬、罗勒、迷迭香、葛缕子、果香调
中调 玫瑰、茉莉、康乃馨、芫荽、鸢尾根、广藿香、檀香
尾调 橡树苔、香根草、麝香、龙涎香
网购参考价 400 元 /50ml EDT
专柜参考价 560 元 /50ml EDT

成熟：★★★☆☆ 3.0　　甜美：★☆☆☆☆ 0.5
清爽：★★★☆☆ 3.5　　休闲：★★★☆☆ 3.0
留香：★☆☆☆☆ 1.0

点评

　　Eau Sauvage 由调制了多款 Dior 经典香水的名鼻 Edmond Roudnitska 打造。它的诞生掀起了现代男性香水普及与多样化高潮。

　　开场充满柠檬汁液的酸，绿植和药料捣碎后的苦，青气弥漫，微微有些发涩。这种绿意持续扩散着，苦味渐渐低调，花和更多香料参与进来，气息变得平稳柔和，细节纷繁却能清淡如水，丝丝入鼻。

　　Eau Sauvage 历经近半个世纪依然时尚清新，并无老旧痕迹，这是何等的穿越精神！我似乎读懂了它最新的平面广告：一张 Alain Delon 年轻时代风华正茂的老照片。Eau Sauvage 的价值和 Alain Delon 的俊朗可以穿越时间长河，历久弥新。

　　适合春、夏、秋三季，装束场合不限。另，建议喷洒后，待 15 分钟再铺一遍，会有更加细腻的效果。

DUNE
EAU
DE TOILETTE

Christian Dior
PARIS

86 1991 女
鲜明独特的激情之作

Dune
沙丘

香型 东方花香型

前调 醛、柑橘、香柠檬、牡丹、金雀花、巴西红木

中调 玫瑰、茉莉、百合、伊兰、桂竹香

尾调 香草、檀香、麝香、广藿香、橡树苔、龙涎香、安息香

网购参考价 300 元 /30ml EDT

成熟：★★★☆☆ 3.5
甜美：★☆☆☆☆ 1.5
清爽：★★☆☆☆ 2.0
休闲：★★★☆☆ 3.5
留香：★★★☆☆ 3.0

点评

获得 1993 年 FiFi Award 最佳女香奖的 Dune 是一款颇具个性的香水。虽然醛已不是第一次在香水中运用，但 Dune 的醛却是崭新的感觉：沙滩被阳光烤晒得炙热滚烫，浪花激溅过来又瞬间蒸腾，干燥与潮湿交替，空气中弥漫着海水的淡淡腥咸。这就是 Dune 的前调。Dune 也被称作是"海洋花香型"，不过它的"海洋"并不是通常意义上的"水香调"。它更像是意境中的气息。荒诞点说，就是将一勺海水浇在桑拿房滚烫的石头上，一种极端冷与热的碰撞，充满爆炸力的复杂辛辣香气。中调逐渐加入少量绿植和花汁的酸与甜，辣度减低。尾调东方撩人，但依然保持其独特鲜明的整体气息。

适合 25 岁以上女性，极佳的宴会用香，若日常使用需小心驾驭。

87 · 1995 · 女

温馨惬意，愉悦之味

Dolce Vita
甜蜜自述（快乐之源）

香型 木质东方香型

前调 香柠檬、葡萄柚、桃子、玫瑰、百合、小豆蔻

中调 杏、百合、玉兰、天芥菜、肉桂、巴西红木

尾调 椰子、香草、檀香、雪松

网购参考价 400 元 /50ml EDT

成熟：	★★☆☆☆ 2.5	甜美：	★★★☆☆ 3.0
清爽：	★★☆☆☆ 2.5	休闲：	★★★☆☆ 3.0
留香：	★★★☆☆ 3.0		

点评

出自调香大师 Pierre Bourdon 之手的 Dolce Vita，曾获得过 1996 年欧洲 FiFi Award 最佳女香奖，自面世之日起就成为 Dior 的主力产品之一。

前、中调花果香味出色，甜美诱人，若隐若现的辛香闪烁其中；尾调香甜的食材混合雅致的木质香料，温馨惬意充满愉悦感。

整体风格适中，春、秋、冬三季都可使用，适用人群与场合比较宽泛。

88 *1999* 女
时尚花果，流行宠儿

J'adore 真我

香型 花果香型
前调 桃、梨、甜瓜、柑橘、香柠檬、玉兰
中调 李子、玫瑰、茉莉、兰花、铃兰、晚香玉、小苍兰、紫罗兰
尾调 黑莓、香草、雪松、檀香、麝香
网购参考价 400 元 /30ml EDP
专柜参考价 660 元 /30ml EDP

成熟	★★☆☆☆ 2.5	甜美	★★★☆☆ 3.0
清爽	★★☆☆☆ 2.5	休闲	★★★☆☆ 3.0
留香	★★☆☆☆ 2.0		

点评

J'adore 无论外形还是香味，都富有时尚气息。一经推出就广受欢迎，并获得2001 年 FiFi Award 菲菲奖。前调果子的味道很欢快。中调甜度渐起，迷人的花香加入了果子的行列，一派欢声笑语的景象。

适合性格开朗的年轻女性，休闲和办公场合皆可。

89 *2007* 女
香甜浓郁，毒性强烈

Midnight Poison 午夜奇葩（蓝毒）

香型 木质东方香型
前调 柑橘、香柠檬
中调 玫瑰、广藿香
尾调 波旁香草、龙涎香
网购参考价 360 元 /30ml EDP
专柜参考价 660 元 /30ml EDP

成熟	★★★☆☆ 3.5	甜美	★★★★☆ 4.5
清爽	★☆☆☆☆ 1.5	休闲	★★☆☆☆ 2.0
留香	★★★☆☆ 3.0		

点评

自 1985 年 Poison 紫毒、1994 年 Poison Tendre 绿毒、1998 年 Hypnotic Poison 红毒、2004 年 Pure Poison 白毒，2007 年迎来了新款蓝毒 Midnight Poison。至此"五毒俱全"，可谓色彩斑斓，"毒性"强烈！

这是种浓厚得化不开的夜色，庞大得吹不散的香甜。玫瑰呀香草啊广藿香……堆砌如山闻之气短。我不妨再"毒舌"一下："杀人于无形"的夜宴用香，日常慎用。

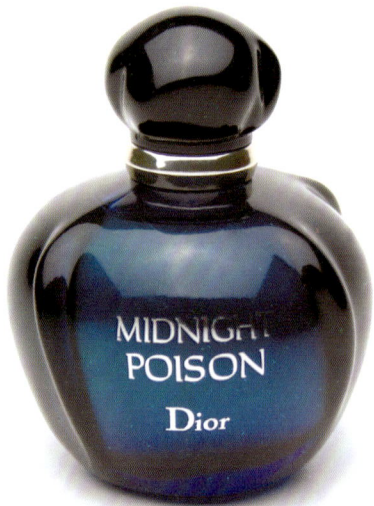

90 2008 女
轻柔花香，文静清秀

Miss Dior Cherie
Blooming Bouquet
迪奥小姐花漾甜心

香型 花香型
前调 柑橘、草莓叶、紫罗兰
中调 茉莉、牡丹、焦糖、野草莓
尾调 广藿香、白麝香
网购参考价 350 元 /30ml EDT
专柜参考价 530 元 /30ml EDT

成熟：★★☆☆☆ 2.0　　甜美：★☆☆☆☆ 1.5
清爽：★★★★☆ 4.0　　休闲：★★★★☆ 4.0
留香：★☆☆☆☆ 1.5

点评

Dior 出品的第一款香水是 1947 年的 Miss Dior，至今依然有售。不过，跨越半个世纪的迪奥小姐俨然已是"贵妇"，当年经典的西普花香型，现在看来似乎不够年轻时尚。Miss Dior Cherie 及若干后续便应运而生。

Miss Dior Cherie Blooming Bouquet 的香味简单干净，整体变化不大。轻柔的花香，淡如薄雾。像一位文静清秀的少女端坐在那儿，不忍打扰。

18-30 岁年轻女性，春夏季节适用。

91

2001 **女**

慵懒夏日，惬意花果

Light Blue 浅蓝

香型 花果香型

前调 西西里柠檬、苹果、风铃草、西西里雪松

中调 白玫瑰、茉莉、竹子

尾调 雪松、麝香、龙涎香

网购参考价 300 元 /50ml EDT

专柜参考价 640 元 /50ml EDT

成熟：★★☆☆☆ 2.0　　甜美：★★☆☆☆ 1.5
清爽：★★★★☆ 4.0　　休闲：★★★★☆ 4.0
留香：★★☆☆☆ 2.0

点评

　　前调是颗诱人的苹果。轻轻一咬，随着清脆的声响，新鲜的汁液进入口中，瞬间唇齿留香酸甜生津；中调那些花儿，像极了 Anna Sui 的许愿精灵，不过甜度更低一些，质感更清晰，还带着苹果的酸，竹叶的清幽；尾调很慵懒，只想在温柔的阳光下眯起眼睛打个盹儿。

　　主打春夏季节，18-30 岁年轻女性适用。

92

2009 **中**

清淡如水，中庸之味

Anthology Le Bateleur 1 魔术师

香型 水生木质香型

前调 小豆蔻、杜松子、桦树叶

中调 水香调、芫荽

尾调 香根草、白雪松

网购参考价 400 元 /100ml EDT

成熟：★★☆☆☆ 2.0　　甜美：★★☆☆☆ 1.5
清爽：★★★★☆ 4.0　　休闲：★★★★☆ 4.0
留香：★☆☆☆☆ 1.0

点评

　　以塔罗牌为创作灵感的 D&G Anthology 系列，顺应潮流大打中性牌，2009 年连发六款，大有抢钱之势。Le Bateleur 1 前调轻飘，淡而模糊的甜。待甜度稍微清晰了些，水香却来得不痛不痒，仿佛捏了粒沙子扔进湖中，惊不起什么涟漪。再后来就是一杯糖放少了的甜水。香味平常流俗，倒也没有大错。春夏季节，休闲场合适用。

93 2004 女
清新脆嫩的蔬果香

DKNY Be Delicious
垂涎欲滴（青苹果）

香型 花果香型

前调 葡萄柚、黄瓜、玉兰

中调 苹果、玫瑰、铃兰、晚香玉、紫罗兰

尾调 木质香调、白龙涎香

网购参考价 240 元 /50ml EDP

专柜参考价 490 元 /50ml EDP

成熟　★★☆☆☆ 2.0
甜美　★☆☆☆☆ 1.0
清爽　★★★★⯪ 4.5
休闲　★★★★☆ 4.0
留香　★★☆☆☆ 2.0

点评

Donna Karan 在 1992 年推出首款香水 Donna Karant 便一炮走红。而在中国国内，则是靠这款 Be Delicious 才打开香水品牌的知名度。

Be Delicious 无论是广告还是瓶型，都不禁让人联想到一个垂涎欲滴的青苹果。而我则自然而然地拿它跟 D & G Light Blue 相比。前调是清香脆嫩的小黄瓜榨汁，水味很足，带着少许花香；中调的青苹果来得缓慢，微酸却不够甜，花香更丰盛了些；尾调模糊的木质气息替代了果酸味，黄瓜清香依然延续。

Be Delicious 更像以小黄瓜为主，苹果为辅。总体清新柔嫩，休闲感十足，春夏季节适用。

94 酸甜生津的糖水罐头
2008 **女**

DKNY Red Delicious Charmingly Delicious
迷人红苹果

香型 花果香型

香料 红苹果、香草、玫瑰、紫罗兰

网购参考价 260 元 /125ml EDT

专柜参考价 490 元 /125ml EDT

成熟	★★☆☆☆ 2.5	甜美	★★★☆☆ 3.5
清爽	★★☆☆☆ 2.0	休闲	★★★☆☆ 3.0
留香	★★☆☆☆ 2.0		

点评

　　这款香水将外观设计成果汁饮料的瓶型，开场味道也的确可口。玫瑰和红苹果混合出果酒甜而微醺的香气。之后花朵却渐行渐远，香味变成一汪酸甜的糖水罐头。有生津止渴之效，却无太多耐品空间。春、秋、冬三季，年轻女性休闲娱乐的日常用香。

95 清甜粉嫩少女香
2009 **女**

DKNY Be Delicious Fresh Blossom
粉恋苹果

香型 花香型

前调 葡萄柚、杏、醋栗叶芽

中调 玫瑰、茉莉、铃兰

尾调 红苹果、木质香调

网购参考价 240 元 /50ml EDP

专柜参考价 490 元 /50ml EDP

成熟	★★☆☆☆ 2.0	甜美	★★☆☆☆ 2.5
清爽	★★★★☆ 4.0	休闲	★★★★☆ 4.0
留香	★☆☆☆☆ 1.5		

点评

　　Be Delicious 获奖又热卖，打开了 Donna Karan 一片"苹果"风潮，之后青的、红的、花的、紫的应运而生，好不热闹。

　　Be Delicious Fresh Blossom 继承了 Be Delicious 的外形，粉嫩色调更加迎合少女喜好。香味以红苹果铺底，主打柔美醒目的花香，辅以绿植清新。甜度适中，娇嫩可人。青春少女，春、秋、冬三季，休闲场合适用。

E

96 1996 女
美式香水代名词

5th Avenue 第五大道

香型 花香型

前调 柑橘、香柠檬、铃兰、玉兰、紫丁香、椴树花

中调 桃、保加利亚玫瑰、康乃馨、晚香玉、紫罗兰、茉莉、伊兰、肉豆蔻

尾调 香草、鸢尾、檀香、龙涎香、西藏麝香、丁香

网购参考价 100 元 /30ml EDP

成熟：★★★½☆☆ 3.5 甜美：★½☆☆☆ 1.5
清爽：★★½☆☆ 2.5 休闲：★★☆☆☆ 2.0
留香：★★☆☆☆ 2.0

点评

提起美国香水，总会先想到 Estee Lauder 和 Elizabeth Arden 这两个充满传奇色彩的品牌。当 EL 全力创造美国式奢华与精致的时候，EA 却依旧保留着粗犷线条，定位明确、目标直白的在中、低端市场中奋力搏杀，虽然没有一款能称之为艺术品的香水，但大多可以获得不俗的商业成就。

在我的概念中，5th Avenue 可算是传统美式香水的代名词。简洁的外观——摩登都市缩影，直白的定位——白领上班族，实用的味道——柔和花香，再加上一流的知名度、三流的价位，一切水到渠成。

第五大道是一款不易惹人反感的香水，花香柔和馥郁却不强势，甜味点到即止，温暖适度，独立自信的女性气质呼之欲出。时至今日，依然是春、秋、冬三季办公用香的不错选择。

97 1999 女
平易近人的入门香

Green Tea 绿茶

香型 柑橘香型
前调 柠檬、橙皮、香柠檬、薄荷、大黄
中调 茉莉、康乃馨、橡树苔、麝香、白龙涎香
尾调 丁香、茉莉、绿茶、芹菜籽、葛缕子、橡树苔、麝香、龙涎香
网购参考价 110 元 /50ml EDP
专柜参考价 340 元 /50ml EDP

成熟：★★☆☆☆ 2.5　　甜美：★☆☆☆☆ 1.0
清爽：★★★★☆ 4.0　　休闲：★★★★☆ 4.0
留香：★☆☆☆☆ 1.5

点评

　　Green Tea 是 Elizabeth Arden 近 10 年来最成功的香水，它的商业运作方式就是一部现代香水市场教科书，值得国内的日化企业们学习借鉴。

　　先请个有潜力的调香师，设定一个紧扣时尚脉搏的清新风格，配上有一点点神秘吸引力的名字。管它是化工原料还是天然原料，制造出来先要保证平民身价。再签个大腕代言，宣传声势弄得大大的。遇到行家就说这是未来的名鼻亲手调制；遇到外行直接说是明星御用。上市效果不好立马收手，市场热销就放开胆子，一年一款限量，保持新鲜感与关注度。

　　对于 Green Tea "平易近人" 的价格，我真的不好意思说它什么坏话。橘皮清新，花朵柔嫩，茶香写实，虽然有点剩茶根儿的苦闷，但亲和力还是不错的。入门香迷、在校学生随意购买，对荷包没有半点压力，不喜欢只管送老妈、送姐姐、送阿姨……

98 水感花香，时尚丽人
2002 女

Arden Beauty 美人

香型 绿植花香型

前调 香柠檬、稻花、鸢尾

中调 莲花、兰花、姜、大黄

尾调 檀香、麝香、龙涎香

网购参考价 120 元 /50ml EDP

成熟：★★☆☆☆ 2.5　　甜美：★☆☆☆☆ 1.5
清爽：★★★☆☆ 3.0　　休闲：★★☆☆☆ 2.5
留香：★★☆☆☆ 2.0

点评

　　Arden Beauty 给我留下最深的印象就是它的适度的绿植与花香，带着淡淡水感，很有些莲花的纯净。也许因为我是一个中国人，"清水出芙蓉，天然去雕饰"早已植入心间，花香中点缀着活泼微甜的果味，让我觉得她更像一个时尚丽人。

　　整体清甜适度，但略缺些鲜明特色。适用人群较宽泛，春、夏两季均可使用。

99 柔润醇厚的含蓄花香
2006 女

Red Door Velvet
丝绒红门

香型 花果香型

前调 香柠檬、伯爵茶

中调 茉莉、粉牡丹、白色小苍兰

尾调 香草、麝香、广藿香

网购参考价 150 元 /30ml EDP

成熟：★★★☆☆ 3.0　　甜美：★★☆☆☆ 2.5
清爽：★★☆☆☆ 2.0　　休闲：★★☆☆☆ 2.0
留香：★★☆☆☆ 2.0

点评

　　Red Door Velvet 的香味和它的外观一样颇有些考究，大气中不乏细节。前调是清新柑橘加独特的伯爵茶，有凝脂的柔润感，气息鲜明醇厚。广藿香的味道出现得比较早，与花香混合出含蓄的半东方调，又潜藏微微辛辣，整体风格稳重矜持。

　　适合秋冬季节，正装、晚装皆可。

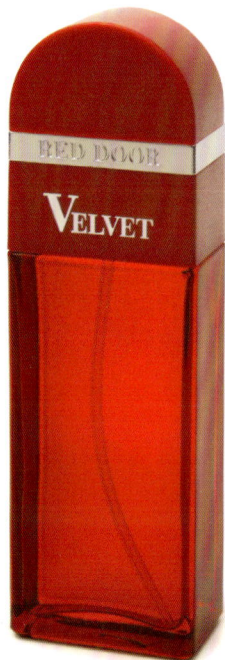

100 **1991** **女**
狂放持久的奢华明星香

White Diamonds
白钻

香型 西普花香型

前调 香柠檬、亚马逊百合、意大利橙花油、醛、橙

中调 土耳其玫瑰、茉莉、水仙、伊兰、肉桂、康乃馨、埃及晚香玉、意大利鸢尾根

尾调 檀香、麝香、广藿香、橡树苔、龙涎香、天然龙涎香

网购参考价 240 元 /50ml EDT

成熟：★★★★⯪ 4.5
甜美：★★★⯪☆ 3.5
清爽：⯪☆☆☆☆ 0.5
休闲：★☆☆☆☆ 1.0
留香：★★★★★ 5.0

点评

玉婆虽然不是最早推出香水的明星，可她获得的成功却是空前。尤其是 White Diamonds，不但横扫欧美，还一举拿下 1992 年两项菲菲奖，堪称商业香水中的经典范例。它的成功不仅让幕后雅顿集团看到了更大的商业空间，同时也让无数时尚红星心痒难耐跃跃欲试，名人香由此开启了崭新篇章。

这款香的味道很好形容：香如其人，强大持久。一览众山小的醛，让人不敢直视的繁重花卉，温润绵长历久弥新的檀香等出色的东方香料。每个人受个性喜好、地域文化、时代背景的限制，身上的气息会反映出他（她）的年龄与品味，所以 White Diamonds 也带有玉婆的身影。如果您希望这个香味能在身上展现奢华狂放，那么请先自检，您的气场是否能托起这一团华丽的芬芳。

这是我见过的最具战斗力的香水，使用时务必谨慎，一不小心泼洒有可能演变成一个房间的〝杯具〞。

注：本文评述为 Parfum 香精版本。

101 1993 女
浑厚强大的哈密瓜味

Diamonds and Sapphires
珍钻蓝宝石

香型 花果香型

前调 桃、甜瓜、铃兰、波斯树脂

中调 玫瑰、茉莉、伊兰、大黄、辛香料

尾调 檀香、麝香、龙涎香、广藿香

网购参考价 170 元 /50ml EDT

成熟：★★★★☆ 4.0　　甜美：★★★⯪☆ 3.5
清爽：★⯪☆☆☆ 1.5　　休闲：★⯪☆☆☆ 1.5
留香：★★★★☆ 4.0

点评

　　果味开场是香水中很平常的手法，却罕有像 Diamonds and Sapphires 这样做得既浑厚又极具穿透力的。哈密瓜气息独特浓郁，划开花与树脂的层层香雾直入鼻端。它冲破前调，又游走于中调，茉莉也随着一同搅动，迸发出强烈的花果香。之后的气息却越发平庸了，只剩下单薄的甜味，坚持太久如同嚼蜡。

　　可作为成熟女性春秋冬季的宴会用香。

　　注：本文评述为 Parfum 香精版本。

名人香水的幕后黑手

　　演艺圈有句话：演而优则唱，唱而优则演。这话如果放到香水行当里，可以改成：名声壮则香。不论你是啥圈的名人，只要人气足，都可以拥有个把款以自家名号命名的香水。

　　这几年名人香水层出不穷，唱歌的演戏的、踢球的走猫步的，善交际爱出风头的……"泛滥"二字不足以形容。在这些炫目光彩的背后，一个个化妆品财团如耍木偶戏，从各种粉丝的口袋里虚空般抓走大把钞票。其中尤以 Coty、Elizabeth Arden 为烈，称其为名人香的幕后黑手毫不为过。

102 **1983** 女
线条流畅的馥郁花香

Diva 歌者

香型 西普花香型

前调 醛、柑橘、香柠檬、印度晚香玉、芫荽、小豆蔻

中调 土耳其玫瑰、摩洛哥玫瑰、伊兰、水仙、埃及茉莉、康乃馨、鸢尾根

尾调 蜂蜜、鸢尾、麝猫香、龙涎香、广藿香、橡树苔、香草、麝香、檀香、香根草

网购参考价 280 元 /50ml EDP

成熟 ★★★☆☆ 3.5　　甜美 ★★★☆☆ 3.0
清爽 ★☆☆☆☆ 1.5　　休闲 ★☆☆☆☆ 1.5
留香 ★★★☆☆ 3.5

点评

在恩格罗香水公司被 Chanel 收归旗下之后推出的 Diva，顺理成章由 Chanel 当家名鼻和专用生产线打造，不仅拥有高端品质，更继承了香家的强势。

花果醛香华丽的开场，玫瑰高调的盛放，以及略带药香的浑厚尾调，就像瓶上的裙褶造型，香料层层叠叠，线路清晰流畅。

整体风格开阔嘹亮，花香馥郁，但略有老式痕迹。适合春、秋、冬季，成熟的气质女性宴会场所适用。

103 2004 女

质感丰富，甜美佳作

Apparition 瓶中精灵

香型 花果香型

前调 覆盆子甜酒、甜椒

中调 玫瑰、西番莲花

尾调 香草、天芥菜、广藿香、龙涎香、零陵香豆

网购参考价 210 元 /50ml EDP

成熟	★★☆☆☆ 2.5	甜美	★★★☆☆ 3.5
清爽	★★☆☆☆ 2.0	休闲	★★★☆☆ 3.0
留香	★★★☆☆ 3.0		

点评

　　新晋名鼻 Francis Kurkdjian 很会运用"甜"，这一点在 Apparition 上得到强烈的体现。前调果香微酸甘甜；中调则化作玫瑰花糕般绵软的蜜糖甜甜，再点缀几粒水果以酸解腻；尾调渐渐轻柔，略带奶香的粉质气息缠绵不绝。

　　甜度质感较丰富，可作为年轻女性秋冬时节约会用香。

104

2003 女

开朗之味，俏皮可人

Magnetism 吸引力（触电）

香型 东方香型

前调 荔枝、红浆果、醋栗叶芽、甜瓜、菠萝、黑醋栗

中调 玫瑰、茉莉、铃兰、玉兰、鸢尾、罗勒、小苍兰、天芥菜、百里香、绿叶

尾调 焦糖、喀什米尔香草、广藿香、香根草、安息香、麝香、檀香、龙涎香

网购参考价 280 元 /50ml EDP

成熟	★★☆☆☆ 2.5	甜美	★★★☆☆ 3.0
清爽	★★☆☆☆ 2.0	休闲	★★★☆☆ 3.5
留香	★★★☆☆ 3.0		

点评

第一次闻就被它"吸引"了，不是因为它酸甜的瓜果，也不是焦糖与香草的甜美，更不是火炬般的造型，而是前、中调一直点缀着清新欢快的绿植气息，削弱了花果的浓郁。就好像吃点心时就口茶，既化解甜腻又清醒味蕾。尾调还有几分 Lolita Lempicka EDT 俏皮可人的粉质香甜。秋冬季节，开朗时尚的女生逛街、聚会均可使用。

105

2007 女

炎炎夏日果香袭人

Sunset Heat 情定夕阳

香型 花果香型

前调 柠檬、木瓜、芒果、菠萝

中调 桃子

尾调 椰子、木槿、檀香

网购参考价 260 元 /50ml EDT

成熟	★★☆☆☆ 2.0	甜美	★★☆☆☆ 2.5
清爽	★★☆☆☆ 2.0	休闲	★★★☆☆ 3.5
留香	★★☆☆☆ 2.5		

点评

这是一款注重热带水果气息的香水，柠檬、菠萝、芒果混合出类似百香果的多汁香甜，十分轻松随性。尾调的椰子奶香也很突出。不过，对于以夏季为主题的香水来说，甜美有余，清新略显不足。

适合 20 – 25 岁的女生在休闲场所使用。

106 1953 女
解读半世纪前的青春少女

Youth-Dew 年轻蜜露

香型 东方辛香型

前调 玫瑰、洋水仙、薰衣草

中调 茉莉、铃兰、辛香料

尾调 苔藓、香根草、广藿香

网购参考价 350 元 /65ml EDP

成熟：★★★★☆ 4.0
甜美：★★☆☆☆ 1.5
清爽：★★☆☆☆ 1.5
休闲：★☆☆☆☆ 1.0
留香：★★★☆☆ 3.0

点评

　　雅诗兰黛的第一款香水 Youth-Dew，复杂浓郁的香味如同它深邃的色调。它花香富丽，旧式茉莉和铃兰在其中灿烂；它辛辣阵阵，薰衣草和各式香料尽显本色；乳香和树脂投射出浑厚冷傲的身影，将花与辛香笼罩其中。

　　Youth-Dew 像老照片中的英姿少年，虽然没有现代意义的年轻气息，但懂得它的人，依然能从发黄褪色的印记中，去解读属于半世纪前的青春少女。

　　适合成熟女性在秋冬季节宴会等正式社交场合。

107 经典之作，洁净白花
1978 女

White Linen 白色亚麻

香型 花香型

前调 保加利亚玫瑰、茉莉、铃兰、醛

中调 莺尾、紫罗兰

尾调 苔藓、香根草、龙涎香

网购参考价 280 元 /30ml EDP

成熟	★★★☆☆ 3.5	甜美	★☆☆☆☆ 1.5
清爽	★★☆☆☆ 2.0	休闲	★★☆☆☆ 2.0
留香	★★★☆☆ 3.0		

点评

　　White Linen 是 Estee Lauder 和名鼻 Sophia Grojsman 的经典作品之一，2002 年获得 FiFi Award "香水名人堂" 殊荣。前调是洁净的白花香气，醛很快出现，将茉莉与铃兰之味托起。整体略显浓郁，与 Chanel No°5 有几分近似，但更冷峻一些。之后的变化不算明晰，待醛褪去，尾调散发微微甘甜，香气轻柔宁静，透如薄雾。适合成熟女性在秋冬季节使用。

108 甘甜花香，流行味道
2009 女

Pure White Linen Pink Coral
甜梦如风

香型 花香型

前调 醛、水果、苹果花、粉胡椒

中调 忍冬、茉莉、樱花、粉牡丹、山茶花、香豌豆

尾调 香草、檀香、天芥菜

网购参考价 320 元 /50ml EDP

专柜参考价 640 元 /50ml EDP

成熟	★★☆☆☆ 2.0	甜美	★★★☆☆ 3.0
清爽	★★☆☆☆ 2.0	休闲	★★★☆☆ 3.0
留香	★★☆☆☆ 2.0		

点评

　　开场是甜而轻盈的红苹果味。中调甜度升高，花香平常，略显闷热。尾调也没有更多新意，香草和木质组成的甘甜气息。

　　整体中规中矩，一款顺应流行趋势的香水。适合春、秋、冬三季，年轻女性的休闲用香。

109 `1986` `女`
白纱花束，浪漫瞬间
Beautiful 美丽

`香型` 花香型

`前调` 柑橘、玫瑰、百合、晚香玉、金盏花

`中调` 茉莉、橙花、铃兰、伊兰

`尾调` 檀香、香根草、龙涎香

`网购参考价` 280 元 /30ml EDP

`专柜参考价` 580 元 /30ml EDP

成熟：★★★☆☆ 3.5　　甜美：★★☆☆☆ 2.0

清爽：★☆☆☆☆ 1.5　　休闲：★★☆☆☆ 2.0

留香：★★★☆☆ 3.0

`点评`

　　以身着婚纱手捧花束，女人一生最美瞬间为主题调制的 Beautiful，应该是 Estee Lauder 最浪漫的香水了。

　　馥郁的花香从一开始就迸发出来，正待仔细欣赏，突然来了个小插曲：强烈的柑橘果酸味冷不防跳入。这气息太过强烈肆意，一时间我很难把它与新娘手中温馨典雅的花束相联系。直到橙花替代了柑橘，酸味渐淡之后，浪漫温情的画面才重新回归。奢华瑰丽的混合花香终成主题。

　　花香缤纷，略有时代痕迹，成熟女性春、秋、冬三季适用。

109 1995 女 花草摇曳，欢愉香境

Pleasures 欢沁

香型 花香型

前调 白百合、紫罗兰叶、绿植香调

中调 粉玫瑰、海湾玫瑰、茉莉、紫丁香、
白牡丹、卡罗 - 卡拉第花

尾调 檀香、广藿香

网购参考价 350 元 /50ml EDP

专柜参考价 640 元 /50ml EDP

成熟：★★☆☆☆ 2.5　　甜美：★★☆☆☆ 2.0
清爽：★★★☆☆ 3.0　　休闲：★★★☆☆ 3.5
留香：★★★☆☆ 3.0

点评

　　第一次接触欧美品牌香水，就是这款Pleasures。那时我还年少，很难接受其中胡椒和绿植的辛辣。多年后再品，才发现最美之处就在于此。花香原本应是轻柔静逸的，就是这一丝辛辣唤醒了活力，像一阵海风吹来，花草摇曳随之起舞，香气欢欣跳动。待辣度减弱，又是一番花朵浅吟低唱的醉人香境。

　　Pleasures 连夺 1996 年 FiFi Award 三项大奖，历经十余年一直畅销不衰。其后续和限量产品数量极为庞大，堪称 Estee Lauder 家族中年轻的经典。

　　适用人群、年龄、场合都较宽泛，四季皆宜。

美式香水的荣耀

　　众所周知，Estee Lauder 与 Elizabeth Arden 是美国化妆品行业的领军人物。在香水业务方面，EL 虽然起步晚于 EA，但其取得的成绩却是空前的。

　　Youth-Dew、Beautiful、White Linen 三款香水都获得过"FiFi 香水名人堂"这一最高奖项，而 Estee Lauder 本人就是 1974 年 FiFi 首届"香水名人堂·人物榜"的获得者，用以表彰她对香水行业做出的贡献。这样的战绩在 FiFi Award 近四十年的历史中是绝无仅有的。

　　从本质上看，EL 一直在努力摆脱美式香水给世人留下的粗犷印象，用她独有的浪漫想象与精工细作，营造出特有的灵秀之风，她的存在是美式香水的不朽荣耀。

110 2008 女 颠覆传统三调的探索之香

Sensuous 摩登都市

香型 木质东方香型

原料 龙涎香、木质香调
茉莉、百合、玉兰、伊兰
蜂蜜、檀香、黑胡椒、柑橘果肉

网购参考价 360 元 /50ml EDP

专柜参考价 780 元 /50ml EDP

成熟	★★★☆☆ 3.0	甜美	★★☆☆☆ 1.5
清爽	★★☆☆☆ 2.0	休闲	★★☆☆☆ 2.0
留香	★★☆☆☆ 2.0		

点评

Estee Lauder 打造 Sensuous 可谓不惜血本，不仅请来四位美女名人合力代言，还重新定义传统三调结构，在整个香水行业中实属罕见。

不过，高调不等于精妙。开场花香粉甜，之后变得含糊起来。黑胡椒味又过重了些，倒有点牛排的肉欲。主调檀香与龙涎香的东方气息扳回些局面，但绵软混沌，细节感不足。

香气有一定特色和探索意味。轻熟女秋冬季节适用。

112 2007 女
玫瑰园中的激情热舞

Rossy de Palma

萝西·德·帕尔玛
(龙与玫瑰)

香型 东方花香型

前调 姜、香柠檬、黑胡椒

中调 保加利亚玫瑰、茉莉、天竺葵

尾调 可可、乳香、广藿香、安息香

网购参考价 810 元 /50ml EDP

成熟	★★★☆☆ 3.0	甜美	★★⯪☆☆ 2.5
清爽	★⯪☆☆☆ 1.5	休闲	★★☆☆☆ 2.0
留香	★★★⯪☆ 3.5		

点评

看过一些阿莫多瓦的电影，对西班牙女演员萝西·德·帕尔玛并不陌生，但从来没想到会有一款香水以她命名，更没想到这支"玫瑰"会如此激情四射，特立独行！

品味这款香的过程，如置身仲夏夜的玫瑰园中欣赏一曲佛拉门戈舞。

舞者还未出场，柑橘果甜引来明亮的吉他前奏。辛辣的胡椒击打出骤如雨点的急促节奏，一瞬间点燃激情之火。玫瑰以优美傲慢的姿态登台，一个华丽的亮相，带着花蕾的孤挺娇艳。铿锵有力的舞步渐起，长裙层叠掀飞，花瓣逐个弹开，热情奔放的玫瑰香甜顿时弥漫。天竺葵的清凉冷峻与花香交错应和，醇厚微苦的可可和东方香料，将跌宕起伏的玫瑰之舞推向极致。此时灯火阑珊花影重重，有琴声、有掌声、有笑声……

写到此处忽然想起 Paul Smith Rose 香水，同年推出，同玫瑰主题，同鼻子调制，"差距咋就这么大呢？"

春、夏、秋三季均可，春秋季节最佳，适合搭配晚装。

F

Floris 佛罗瑞斯

113 1901 女 香水世家的优雅花束

Edwardian Bouquet
爱德华花束

香型 木质花香型

前调 柑橘、香柠檬、风信子、绿叶

中调 玫瑰、茉莉、伊兰

尾调 檀香、橡树苔、麝香、广藿香、龙涎香

网购参考价 400 元 /50ml EDT

成熟　★★★☆☆ 3.5
甜美　★★☆☆☆ 2.5
清爽　★★★☆☆ 3.0
休闲　★★☆☆☆ 2.5
留香　★★☆☆☆ 2.5

点评

又是一个骨灰级的香水品牌，虽然原本是个理发店，整理假发补补香粉啥的，但毕竟有着 280 年的历史（比娇兰还要早上近百年），念叨起来蛮吓人。如果想了解百年前的香味，他家有很多好的选择，例如这款大名鼎鼎的 Edwardian Bouquet。

一提到老香水，很多人会先想到"熏"、"浓"等等字眼，其实，大部分百年前的香水，受到香精提炼、固香等技术的制约，并不会过分浓烈。Edwardian Bouquet 的味道清新洁净，柑橘、鲜花与绿植气息的搭配和谐自然，柔和的麝香与湿润的橡树苔把满篮花香映衬得更加灿烂，亲切可人。如果成熟知性的你，能读懂漫长岁月留给这款香水的印迹，春夏季节，任何场合都可使用。

114 2000 女
一枝甜美月季

China Rose 中国玫瑰

香型 东方花香型

前调 桃、覆盆子、鼠尾草

中调 玫瑰、天竺葵、紫罗兰、风信子、茉莉、伊兰、丁香

尾调 香草、香根草、零陵香豆、广藿香、檀香、龙涎香

网购参考价 400 元 /50ml EDT

成熟：	★★☆☆☆ 2.5	甜美：	★★★★☆ 4.0
清爽：	★☆☆☆☆ 1.5	休闲：	★★★☆☆ 3.5
留香：	★★☆☆☆ 2.5		

点评

也许把 China Rose 翻译为"月季"，更便于理解。曾闻到过一株品种叫"红双喜"的月季，香气与这款香水非常近似。鲜花甜得娇美可人，而多种原料混合而成的 China Rose，香味则稍显厚重。

China Rose 最深刻的印象是甜，强大的水蜜桃香气，甜得好似能滴下一股糖汁。最浓时有点桃子烂熟的软腻感，好在这个不爽的气息转瞬即逝，花香逐渐成为主体，平和娇媚。

整体开朗明亮，果香甜美，花香适度。适合 30 岁以下女性，春秋季节在休闲场所使用。

G

115 *1995* 女

细腻花果，柔情似水

Acqua di Gio 寄情水

香型 花果香型

前调 柠檬、桃子、菠萝、麝香葡萄酒、牡丹、香蕉叶、紫罗兰

中调 茉莉、铃兰、百合、伊兰、小苍兰、风信子

尾调 雪松、檀香、麝香、龙涎香、苏合香脂

网购参考价 300 元 /50ml EDT

成熟：	★★★☆☆ 3.0		甜美：	★★★☆☆ 3.0
清爽：	★★☆☆☆ 2.5		休闲：	★★★☆☆ 3.0
留香：	★☆☆☆☆ 1.5			

点评

20世纪90年代掀起的清新风潮中比较重要的一员，1996年一举夺得两项菲菲奖。

多种清甜美味的瓜果混合，充足的质感让前调显得丰富多姿。中调茉莉与铃兰花香比较突出，与果味交织似水柔情。这细腻甘甜的气息一直延续至尾调，丝丝幽香勾勒出悠闲安逸的地中海夏日风情。

Acqua di Gio 与时下流行花果香比较，更为细致稳重，适合春、夏两季，轻熟女休闲场所、办公环境均可使用。

116

1998 男

时尚风格，清新直白

Emporio Armani Lui 他

香型 木质花香型

前调 柠檬、柑橘、苹果、菠萝、香柠檬、日本柚、鼠尾草、小豆蔻

中调 玫瑰、茉莉、仙客来、鸢尾根、肉豆蔻

尾调 雪松、檀香、麝香、橡树苔、龙涎香、零陵香豆

网购参考价 200 元 /50ml EDT

成熟 ★★☆☆☆ 2.5		甜美 ★☆☆☆☆ 1.5	
清爽 ★★☆☆☆ 2.5		休闲 ★★★☆☆ 3.0	
留香 ★☆☆☆☆ 1.5			

点评

    Emporio Armani 是 Giorgio Armani 针对年轻消费群体建立的分支，该体系下的香水，外形和香味都颇具时尚风格。Lui 的香味比较简单，三调过渡快。常见的柑橘开场，果酸与绿植中略带辛香。中调少许发甜，花香轻飘，很快消退，绿植与辛香倒越发强势，与尾调衔接出微辣的木质气息。整体清新直白，但缺少细节品赏性，留香较短，适合春夏季节。

117

2004 男

简洁明快，柔和流畅

Code pour Homme 印记

香型 东方辛香型

前调 香柠檬、柠檬

中调 八角茴香、橄榄花

尾调 皮革、烟草

网购参考价 280 元 /50ml EDT

专柜参考价 610 元 /50ml EDT

成熟 ★★☆☆☆ 2.5		甜美 ★★☆☆☆ 2.0	
清爽 ★★☆☆☆ 2.0		休闲 ★★★☆☆ 3.0	
留香 ★★☆☆☆ 2.0			

点评

    2006 年 FiFi Award 奢华男香奖得主 Code，香味如同外形一般简洁明快。前调柠檬气息短暂，微辣醒目；中调花香洁净甘甜，辛香料微微跳动；尾调甜度有所减弱，香味趋于柔和沉稳。整体香气时尚流畅，但质感较简单，缺乏层次。适合秋冬季节休闲场合。

118 2006 女
奢华外观中的浑厚花香

Armani Privé Eclat de Jasmin
私藏系列－华彩茉莉

香型 西普花香型

前调 柠檬、李子、香柠檬

中调 埃及茉莉、保加利亚玫瑰、桂花

尾调 广藿香、大溪地香根草、劳丹脂

网购参考价 1100 元 /50ml EDP

成熟：★★★☆☆ 3.0
甜美：★★☆☆☆ 2.5
清爽：★★☆☆☆ 2.0
休闲：★★☆☆☆ 2.0
留香：★★☆☆☆ 2.0

点评

　　Armani Privé 系列无论是产品定位、价格、还是外形，都绝对是阿玛尼的奢华之作。不过拿在手中，外盒质感十足，香瓶却是异常轻飘，对于瓶控来说，多少有些买椟还珠的失落感。

　　前调果子的清香被掩盖在类似肉桂、茴香的复杂气息中，香料感较重。正有些担心清秀的茉莉是否能突出重围，一种浑厚的混合花香接踵而至。质感深沉，略带辛辣，与我们熟悉的中式茉莉清幽背道而驰。等香气扩散开，桂花的甜味显露，整体气息才渐渐轻盈起来。尾调木质比较单薄，有些发飘。

　　适合轻熟女在春、秋两季使用。

119 **2007** **男**
舒缓雅致的阳刚味道

Attitude 绝度（姿态）

香型 木质东方香型

前调 西西里柠檬、咖啡

中调 薰衣草、锡兰小豆蔻

尾调 中国雪松、印尼广藿香、防风根、龙涎香

网购参考价 290 元 /50ml EDT

专柜参考价 610 元 /50ml EDT

成熟 ★★☆☆☆ 2.5　　甜美 ★☆☆☆☆ 1.0
清爽 ★★☆☆☆ 2.5　　休闲 ★★★☆☆ 3.5
留香 ★☆☆☆☆ 1.5

点评

　　这款香水登陆国内市场时非常高调，大张旗鼓的发布会，铺天盖地的平面广告，风头一时无两。好玩的打火机造型更是推波助澜，一举夺得 2008 年的 FiFi Award 最佳包装奖。（Dupont 家若干个打火机造型的香水，怎么就没这个好运呢？）

　　前调柠檬与咖啡的组合颇有特色，醒目微苦。中尾调薰衣草和广藿香的质感比较突出。整体香气舒缓沉着，穿插适度的辛辣感，富有阳刚气息。

　　适合秋冬季节，场合不限。

120 1981 女
百花争艳，饱满明亮

Giorgio 乔治

香型 花香型

香料 杏、桃子、香柠檬、橙花、玫瑰、茉莉、兰花、伊兰、晚香玉、栀子花、洋甘菊、广藿香、橡树苔、檀香、麝香、龙涎香、香草、雪松、

网购参考价 240 元 /50ml EDT

成熟：★★★☆☆ 3.5　　甜美：★★★☆☆ 3.0
清爽：★☆☆☆☆ 1.5　　休闲：★★☆☆☆ 2.0
留香：★★★★☆ 4.0

点评

　　Giorgio 是线性香水的代表之一，没有三调变化。香气复杂浓郁，颇有些百花争艳之势。栀子与晚香玉虽小胜一筹，但仍然难脱繁花重围。整体质感不错，饱满明亮。但闻久了可能会有点审美疲劳。成熟女性的社交用香，春、秋、冬三季皆可。作为 EDT 来说，留香可谓相当持久。气息较浓，需控制好用量。

121 1999 女
花果娇美，清甜女郎

G

香型 花果香型

前调 菠萝、甜瓜、葡萄柚

中调 桃、姜、兰花、牡丹

尾调 檀香、香根草

网购参考价 180 元 /50ml EDP

成熟：★★☆☆☆ 2.5　　甜美：★★☆☆☆ 2.5
清爽：★★★☆☆ 3.0　　休闲：★★★☆☆ 3.5
留香：★★☆☆☆ 2.0

点评

　　非常淡柔的果味前调，菠萝的清香比较明显。之后甜度渐起，似熟透的蜜桃汁，花香为辅，营造温暖娇美的甜蜜感。尾调没太多变化，依然带着淡淡花果香，柔和平静。

　　整体中规中矩，清甜适度。春、秋两季，年轻女性工作和休闲皆可使用。

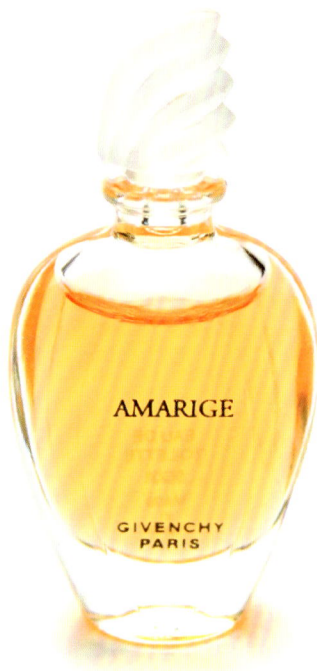

AMARIGE

GIVENCHY
PARIS

122 1991 女
千娇百媚花香来

Amarige 爱慕

香型 花香型

前调 柑橘、巴西红木、李子、橙花、紫罗兰、橙花油、桃

中调 红浆果、黑醋栗、玫瑰、茉莉、康乃馨、兰花、洋槐、金合欢、晚香玉、栀子花、伊兰

尾调 香草、雪松、檀香、零陵香豆、龙涎香、木质香调、麝香

网购参考价 240 元 /30ml EDT

专柜参考价 460 元 /30ml EDT

成熟	★★★☆☆ 3.0	甜美	★★☆☆☆ 2.0
清爽	★★⯪☆☆ 2.5	休闲	★★☆☆☆ 2.0
留香	★★★☆☆ 3.0		

点评

　　Givenchy 的经典女香总是韵味十足，媚态万千。这款 Amarige 就是很好的例子。

　　欢快的前调，果香丰富，带着橙花的明亮感。中调花香渐渐馥郁，多种花朵簇拥得饱满鲜亮，娇美动人。繁华散尽后的尾调，气息醇厚宁静，还残留一丝花朵余香。

　　整体柔和妩媚，层次丰富。适合轻熟女在春、秋、冬三季使用。夏季也可少量喷洒。工作和社交场合皆可。

123 1996 女 温婉轻盈女人香

Organza 透纱

香型 东方花香型

前调 香柠檬、非洲橙花、栀子花、肉豆蔻、绿植香调

中调 茉莉、鸢尾、牡丹、忍冬、晚香玉、核桃

尾调 香草、龙涎香、维吉尼亚雪松、愈创木、木质香调

网购参考价 280 元 /30ml EDP

成熟：★★★☆☆ 3.0　　甜美：★★☆☆☆ 2.0
清爽：★★☆☆☆ 2.0　　休闲：★★☆☆☆ 2.0
留香：★★★☆☆ 3.0

点评

　　别致的前调，肉豆蔻和橙花比较突出，柔和温暖。中调香如其名，透薄如纱，又质感层层。花香轻盈明亮，带着少许类似花瓣汁液的绿植气息，还不时传来晚香玉的淡淡芬芳。尾调树脂和木质香气细腻圆润，悠柔有力。

　　Organza 与 Amarige 适用人群和场合相仿。Organza 稍有热度，春、秋、冬三季皆可。

124 2003 女 娇柔玫瑰 清新盛放

Very Irresistible 魅力

香型 花果香型

前调 醋栗叶芽、柠檬马鞭草、茴香

中调 牡丹、玉兰、玫瑰

尾调 玫瑰

网购参考价 280 元 /30ml EDT

专柜参考价 460 元 /30ml EDT

成熟：★★☆☆☆ 2.5　　甜美：★★☆☆☆ 2.5
清爽：★★★☆☆ 3.5　　休闲：★★★☆☆ 3.5
留香：★★☆☆☆ 2.0

点评

　　前调似还未完全绽放的苞蕾，花香清甜，带着阵阵鲜活的绿植香气，有点像 Paul Smith Rose。中尾调转为花蕊的香甜，依然娇柔，多了些欢愉之感。

　　整体花香清新，富有朝气，适合年轻女性在春夏季节使用，工作、休闲皆宜。

125

流行花果，乖巧休闲

My Givenchy Dream

纪梵希之梦

香型 花果香型

前调 黑醋栗、柿子、克莱门氏小柑橘

中调 玫瑰、茉莉、铃兰

尾调 檀香、广藿香、龙涎香

网购参考价 300 元 /50ml EDT

成熟	★★☆☆☆ 2.0	甜美	★☆☆☆☆ 1.5
清爽	★★★★☆ 4.0	休闲	★★★★☆ 4.0
留香	★☆☆☆☆ 1.5		

点评

　　开场比较醒目，鲜嫩可爱，类似青苹果的酸中微甜。中调开始走下坡路，酸味褪去后果香清甜，气息却越发平淡，少许花香加入，又太过轻柔难以辨识。结尾有一丝檀香的甘甜，但也淹没在果味余韵中。乖巧休闲的少女香，三调变化不算明显，适合春、夏两季。

126

开场精彩，收尾寡淡

Ange Ou Demon Le Secret

魔幻天使 灿若晨曦

香型 花香型

前调 蔓越莓、阿马尔菲柠檬、绿茶

中调 茉莉、白牡丹、睡莲

尾调 广藿香、白麝香、木质香调

网购参考价 290 元 /30ml EDP

网购参考价 550 元 /30ml EDP

成熟	★★☆☆☆ 2.5	甜美	★☆☆☆☆ 1.0
清爽	★★★☆☆ 3.0	休闲	★★★☆☆ 3.0
留香	★☆☆☆☆ 1.5		

点评

　　前调茶香非常清晰，紧接着蔓越莓的果甜跳了出来，两者混合倒有几分特别。趣致开场之后却变得黯然无味，中调细若游丝考验着我的肺活量，一种潮乎乎的古怪气息，带着丁点茶和果酸残味。尾调总算有少许木质香出现，依旧寡淡如水。前调还算精彩，中尾调有些莫名其妙。年轻女性可在春、夏季节使用。

127 1958 女
成熟精致的职场女香

Cabochard 倔强

香型 西普皮革香型

前调 阿魏、龙蒿、鼠尾草、柑橘类、果香调、醛、辛香料

中调 玫瑰、茉莉、伊兰、天竺葵、鸢尾根

尾调 椰子、皮革、广藿香、橡树苔、香根草、檀香、麝香、烟草、龙涎香

网购参考价 180 元 /50ml EDT

成熟 ★★★☆☆ 3.5　甜美 ★☆☆☆☆ 1.0
清爽 ★★☆☆☆ 2.0　休闲 ★★☆☆☆ 2.0
留香 ★★☆☆☆ 2.5

点评

　　Cabochard 是 Gres 的第一款香水，也是西普香型成功代表之一。

　　前调很丰富。柑橘的醒目，绿植的青苦，辛香的微辣，还有温柔的醛，都在其中轻轻流淌。模糊的茉莉花香引出清冷的中调，绿植与醛依旧清晰。尾调皮革和广藿香比较突出，传递着干练而孤傲的气质。

　　Cabochard 很精致，虽缺乏些温暖柔美的女性形象，但胜在不流于俗。比较适合成熟的职场女性。

128
2005 | 女

年轻活泼，花果甜美

Caline 可爱

香型 花果香型

前调 柑橘、苹果、葡萄柚、常青藤

中调 李子、茉莉、莲花、梨、桑葚

尾调 香草、麝香、果仁糖、零陵香豆

网购参考价 200 元 /50ml EDT

成熟	★★☆☆☆ 2.0	甜美	★★☆☆☆ 2.0
清爽	★★★☆☆ 3.5	休闲	★★★☆☆ 3.5
留香	★★☆☆☆ 2.0		

点评

开场以柑橘为主，类似茶香的气息一闪
而过。紧接着，苹果的清香代替了柑橘，甜
度慢慢升高，逐渐演化成轻快甜美的花果混
合气息。尾调变化不大，香甜延续。

整体香味追随潮流，年轻活泼。但辨识
度较低，缺乏鲜明特质。适合春、夏两季。

129
2006 | 女

冷艳宁静的东方香

Ambre de Cabochard

倔强琥珀

香型 东方香型

前调 柑橘、蓝莓、黑醋栗、姜、肉桂、小豆蔻

中调 铃兰、晚香玉、仙客来

尾调 广藿香、龙涎香、零陵香豆、木质香调、
香草、麝香

网购参考价 180 元 /50ml EDT

成熟	★★☆☆☆ 2.5	甜美	★★☆☆☆ 2.5
清爽	★★☆☆☆ 2.5	休闲	★★☆☆☆ 2.0
留香	★★★☆☆ 3.5		

点评

Ambre de Cabochard 除了在造型上保留
了 Cabochard 的蝴蝶结装饰，两者在香味上
并无联系。利用经典老香的名字再造新香，
早已是行业内惯用的营销手段。前调蓝莓和
醋栗的独特果味非常醒目，有些冷艳，带
着淡淡辛香；中调花香并不明朗，一种含
混而深沉的香甜味；尾调质感不错，檀木
和树脂气息增添醇厚暖意，甘甜绵长。

整体比较平稳宁静，适合秋冬季节使用。

130 `1999` `女` 收放自如的温润花香

Rush 狂爱

香型 西普花香型

前调 桃子、加州栀子花、南非小苍兰花瓣

中调 大马士革玫瑰、茉莉、芫荽

尾调 香草、广藿香、香根草

网购参考价 280 元 /50ml EDT

专柜参考价 675 元 /50ml EDT

成熟：★★⯪☆☆ 2.5
甜美：★★⯪☆☆ 2.5
清爽：★★☆☆☆ 2.0
休闲：★★★☆☆ 3.0
留香：★★★★☆ 4.0

点评

连夺 2000 年菲菲奖三项大奖的 Rush，是一款品质不错、辨识度较高的香水。

开场淡而清凉，花果香气不明显，更像是植物汁液的味道。中调花朵慢慢舒展，先是含蓄清冷，浅香淡淡，逐渐馥郁温暖，俏丽妩媚，类似桂花的醉人香甜，隐约一点辛香闪烁。尾调依旧如丹桂飘香，香草与广藿香令气息更加圆润醇厚。

整体温暖甜美，特色鲜明。作为 EDT 来说，留香也值得称道。适用年龄和场合比较宽泛。春、秋、冬三季皆可。

131
2002 女
舒缓稳重，气质干练

Gucci Eau de Parfum
古奇淡香精

香型 东方辛香型
前调 橙花、天芥菜
中调 鸢尾、葛缕子、百里香、安息茴香
尾调 香草、雪松精油、皮革、檀香、乳香、麝香
网购参考价 320 元 /30ml EDP
专柜参考价 580 元 /30ml EDP

成熟：	★★★☆☆ 3.0	甜美：	★☆☆☆☆ 1.0
清爽：	★★☆☆☆ 2.0	休闲：	★★☆☆☆ 2.0
留香：	★★⯪☆☆ 2.5		

点评

　　这款女香应算是 Gucci 中比较另类的。香辛味从一开始就冒了出来，有些中性的干练气质。前调橙花为主，明快透亮。之后温暖的辛香开始凝聚，拿捏有度，没有丝毫浓烈燥辣感，气息细致浑厚，略带甘甜。尾调是平和的木质淡香。整体舒缓稳重，可作为轻熟女在秋冬季节的职场用香。

132
2008 女
紧随时尚步伐的清甜之味

Flora by Gucci 花之舞

香型 花香型
前调 柑橘类、牡丹
中调 玫瑰、桂花
尾调 檀香、广藿香
网购参考价 360 元 /30ml EDT
专柜参考价 580 元 /30ml EDT

成熟：	★★☆☆☆ 2.0	甜美：	★★⯪☆☆ 2.5
清爽：	★★★☆☆ 3.0	休闲：	★★★⯪☆ 3.5
留香：	★★⯪☆☆ 2.5		

点评

　　Flora by Gucci 是追随潮流的产物。清新、甜美、可爱、时尚，这些畅销必备的元素，都可以在它身上找到。前、中调除了清甜再清甜，我很难找到更多的词来准确形容。余韵尚可，带着轻柔的檀木奶香。

　　Flora by Gucci 虽质感不突出，辨识度较低，但它也是成功的。讨巧的香味定会吸引众多少女青睐，作为入门香还是不错的选择。适合春夏季节。

133 **1853** 中
香水活化石，清新古龙香

Eau de Cologne Imperiale
帝王之水（皇家香露）

香型 柑橘香型

香料 柑橘类、雪松、橙花油、柠檬马鞭草、橙、薰衣草、迷迭香、香柠檬、零陵香豆、柠檬

网购参考价 480 元 /100ml EDC

成熟	★★☆☆☆ 2.0	甜美	★☆☆☆☆ 0.5
清爽	★★★★☆ 4.0	休闲	★★★★☆ 4.0
留香	★☆☆☆☆ 1.0		

点评

　　每次面对这类化石级香水，我会更注意它的参考价值。在古老或经典香水身上可以体现出某个时代的流行趋势，以及当时的香料提炼、固香手法等等工艺特点。

　　帝王之水存在属性争论：女性香水、男性香水又或是中性香水，其实从年代分析，当时的香水风格以清新柔和为主，没有清晰的男女概念；而以现今的审美标准衡量，它的味道以柑橘为主，配以刺激醒目的姜味，整体清爽明朗。归为中性香水可能更为恰当。

　　留香短，细节变化略显简单，适合夏季，场所不限。

独一无二的娇兰

　　估计所有写香水书籍的人，写到娇兰时都会又高兴又头疼。高兴的是娇兰家可写的素材非常丰富，精彩故事经典香水俯仰皆是；而让人头疼的是，出色的香水与传奇故事太多太杂，难以取舍，好像删减任何内容都是在犯罪。

　　180 余年的历史可以看上一生，700 余款产品让人闻之不尽数之不清。建基立业的帝王之水、开创三调的姬琪、情浓意浓的蓝色忧郁、永恒经典的莎乐美、任何时代都小资的长夜飞逝等等，可以称之为传世之作的又有多少！香水世界里娇兰是独一无二的，它本身就是一部厚厚的书，还是请您用自己的鼻子尽情"阅读"吧。

134 1919 女
甜蜜与幽怨的矛盾气质

Mitsouko

东瀛之花（蝴蝶夫人）

香型 西普果香型

前调 香柠檬、柑橘类、玫瑰、茉莉

中调 桃子、玫瑰、茉莉、伊兰、紫丁香

尾调 肉桂、橡树苔、香根草、辛香料、龙涎香

网购参考价 360 元 /50ml EDT

成熟　★★★☆☆ 3.0
甜美　★★★☆☆ 3.0
清爽　★★☆☆☆ 2.5
休闲　★★☆☆☆ 2.5
留香　★★☆☆☆ 2.5

点评

　　每次闻 Mitsouko 都不禁自问，这是一款 1919 年的香水吗？没有被重新调配过吗？蝴蝶夫人虽已"九旬高龄"，却依然光艳照人，实在令人困惑。

　　辛辣醒目的柑橘，娇俏憨甜的桃果花香，前中调尽显明亮光彩。之后的香气渐渐暗沉，带着苔藓与肉桂的潮润甘甜，以及麝香的性感，一种昏黄暧昧的东方暖调。Mitsouko 就这样散发着甜蜜与幽怨的矛盾气质。

　　Mitsouko 比较容易"穿戴"，轻熟女在春、秋、冬三季的任何场合都可使用，展现与众不同的优雅美感。

135 1925 女
性感华贵，气势如虹

Shalimar

莎乐美（一千零一夜）

香型 东方花香型

前调 柠檬、柑橘、香柠檬、雪松

中调 玫瑰、茉莉、鸢尾、香根草、广藿香

尾调 香草、皮革、乳香、檀香、麝香、麝猫香、防风根

网购参考价 280 元 /30ml EDP

专柜参考价 570 元 /30ml EDP

成熟：★★★☆☆ 3.0　　甜美：★★★☆☆ 3.5
清爽：★☆☆☆☆ 1.5　　休闲：★★☆☆☆ 2.0
留香：★★★☆☆ 3.0

点评

Chanel N°5 的调香师 Earnest Beaux 说：给我一些香草，我可能只会做个蛋糕，而 Jacques 却创造了 Shalimar！

香草与花，原本甜蜜柔软，东方药料，原本苦涩强硬，似难以调和，又不期而遇，刹那间激情碰撞。浓郁甜美中饱含浑厚药香，繁复得五味杂陈，苦却又化解腻闷，甘修饰辛涩，矛盾与共生中爆发出强烈华丽的气场。

整体性感华贵，气势如虹。虽然有个凄美的爱情故事背景，Shalimar 终究不是纤柔婉约派，需斟酌驾驭。适合 25 岁以上女性，秋冬季节使用。

香水世界的康熙大帝——Jacques Guerlain

如果问我最敬佩的调香师是谁，我会不假思索脱口而出——Jacques Guerlain。用同时代的著名调香师与他相比，Ernest Daltroff 和 Francois Coty 的身上有着浓郁的商人味，Ernest Beaux 像是个接单开工的化学家，而 Jacques 才拥有雍容的宗师之气，让人由衷钦佩。

Jacques Guerlain 是香水世界中的康熙大帝。他像康熙一样从前人手中接过江山，却如创世者一般奋发，把香水帝国推向前所未有的巅峰；他像康熙一样博才，文学、音乐、绘画无一不通，还把文学故事引入香水创作，让香气拥有深厚内涵永久流传；更有趣的是，他还像康熙一样，挑选个聪颖的孙子承继家业，想方设法让辉煌延续得更长远。

136 1996 女
优雅浪漫的细腻花香

Champs-Elysees
香榭丽舍

香型 花香型

前调 桃子、甜瓜、黑醋栗、杏花、紫罗兰、茴香

中调 牡丹、木槿、紫丁香、金合欢、醉鱼草、玫瑰、铃兰

尾调 香草、雪松、杏树、檀香、安息香

网购参考价 260 元 /50ml EDT

成熟 ★★☆☆☆ 2.5　　甜美 ★★☆☆☆ 2.0
清爽 ★★★☆☆ 3.0　　休闲 ★★★★☆ 4.0
留香 ★★★☆☆ 3.0

点评

　　早在 1914 年,娇兰就推出过一款名为 Champs-Elysees 的香水。虽有金玉在前,但丝毫不影响年轻一代的 Champs-Elysees 在娇兰家族中的经典地位。

　　前调花果香气娇嫩柔媚,带着香槟的醉人芬芳;中调果子与酒香减弱,花香伴随淡淡绿植,清甜细致,变化微妙;尾调依然保留着柔美的花朵质感,气息温润恬静。

　　整体花香独特细腻,优雅迷人,带着法式浪漫风情。适合气质女性作为约会和休闲用香,四季皆宜。

137 2003 女
寻常草木，自有精彩

Aqua Allegoria Foliflora
花草水语系列 - 花漾

香型 花香型
前调 香柠檬、橙花油
中调 杏、栀子花、白色小苍兰
尾调 香草、当归、檀香、龙涎香
网购参考价 200 元 /75ml EDT
专柜参考价 500 元 /75ml EDT

成熟：★★☆☆☆ 2.0　　甜美：★★☆☆☆ 2.0
清爽：★★★★☆ 4.0　　休闲：★★★★☆ 4.0
留香：★★☆☆☆ 2.0

点评

花草水语系列诞生于 1999 年，清新的自然风气颇受年轻人喜爱。香水行业似乎没有"见好就收"这一说，这个系列逐渐快速庞大，品质却有每况愈下之感。

Foliflora 是早期比较不错的一款。果味清甜多汁，栀子与小苍兰质感鲜活，花香温柔娇媚，伴随淡淡的绿植嫩芽清香。整体变化虽不算丰富，但香味清纯柔美，适合年轻女性春夏季节使用。

娇兰放下高贵身段，打造出亲和的花草水语。大自然中平凡草木，随手拈来也能散发光彩气质。只可惜，创作态度与速度太过随意频繁，始终难成经典。

138 2006 女
香甜馥郁花果味
Insolence 熠动

香型 花果香型

前调 柠檬、香柠檬、红浆果、覆盆子

中调 玫瑰、橙花、紫罗兰

尾调 鸢尾、树脂、檀香、麝香、零陵香豆

网购参考价 380 元 /50ml EDT

专柜参考价 710 元 /50ml EDT

成熟 ★★⯪☆☆ 2.5
甜美 ★★★⯪☆ 3.5
清爽 ★★☆☆☆ 2.0
休闲 ★★★⯪☆ 3.5
留香 ★★★☆☆ 3.0

点评

开场果味香甜十足，似乎有些过于浓密了，散发出类似果酿的酒香。之后花朵继续着甜美，带着一丝淡淡苦涩，有点像熬糊了的焦糖。尾调继续甜中带苦，多了些东方香的沉稳浑厚。

整体香甜馥郁，有些特色质感，但略显堆砌。适合年轻女性，春、秋、冬三季使用。

2008 年娇兰又推出了 Insolence EDP，香味大体相似，EDP 更柔和清透，花香纯净明亮。

139 低调清甜的香根草

Guerlain Homme
娇兰男士

香型 木质香型
前调 香柠檬、青柠
中调 绿茶、薄荷、大黄、天竺葵
尾调 甘蔗、雪松、香根草、朗姆酒
网购参考价 360 元 /50ml EDT
专柜参考价 540 元 /50ml EDT

成熟 ★★☆☆☆ 2.0　　甜美 ★★☆☆☆ 1.5
清爽 ★★★★☆ 3.5　　休闲 ★★★☆☆ 3.0
留香 ★★☆☆☆ 2.0

点评

　　Guerlain Homme 外形阳刚硬朗，香气却是轻快柔和。

　　柠檬果香一闪而过，绿植微凉却又不够清晰。前、中调仿佛是香根草提前登场，持续散发着质地模糊的阵阵清甜，隐约一丝辛辣感。尾调木质较好，气息平和沉稳；朗姆酒香不明，只取蔗甜的甘润舒畅。

　　整体舒缓低调，清甜适度。在春夏季节，休闲场所与办公环境使用都不会引人侧目。但过于中规中矩，柔和有余特色不足。

140 ₁₉₆₆ 女

一半海水，一半火焰

Fidji 斐济

香型 花香型

前调 柠檬、香柠檬、鸢尾、风信子、波斯树脂

中调 玫瑰、茉莉、伊兰、丁香、紫罗兰、鸢尾根

尾调 檀香、麝香、香根草、广藿香、龙涎香、苔藓

网购参考价 500 元 /50ml EDT

成熟：★★★☆☆ 3.5
甜美：★☆☆☆☆ 1.0
清爽：★★☆☆☆ 2.5
休闲：★★☆☆☆ 2.0
留香：★★★☆☆ 3.5

点评

　　Guy Laroche 旗下香水只有寥寥十几种，Fidji 既是第一款，也是最经典的一款。它的调香师 Josephine Catapano 曾打造了雅诗兰黛"年轻蜜露"、资生堂"禅"，可见 Fidji 也绝非俗物。

　　Fidji 香气潮润细腻，树脂、香根草等香料的运用，有些像 Chanel N° 19。但花香更丰盛，质感更鲜明。柑橘与绿植的凉，丁香与树脂的辛，抽象对立。仿佛踏入浅滩，一半海水冲刷，一半阳光炽晒。尾调回归平静，气息温暖柔和，麝香余韵绵长。

　　整体香味精致，但略有旧式香水的痕迹。适合成熟女性在春、秋两季使用。

H

141 `2009` `女`
时尚热门的椰奶香

G "Snow Bunnies"
时尚娃娃冬季限量

`香型` 花果香型

`前调` 柑橘、椰子乳酪、红苹果

`中调` 茉莉、小苍兰、玉兰

`尾调` 白檀香、木棉花

`网购参考价` 200 元 /30ml EDT

`专柜参考价` 430 元 /30ml EDT

成熟　★★☆☆☆ 1.5　　甜美　★★★★☆ 3.5
清爽　★★☆☆☆ 2.0　　休闲　★★★★☆ 4.5
留香　★★☆☆☆ 2.0

`点评`

　　现如今香水不再只是成人的专属品，以少女为目标的"嫩香"可谓风起云涌。流行新宠 Harajuku Lovers 就是鲜活例子。2008年面世一气呵成就是五款，五个女生模样的香瓶，穿着打扮性格各异。上市后反响热烈，立马变着花样狂推：夏日泳装、冬季棉服、拉个直发、染个颜色……套用一句名言表达心情：小样儿，你以为穿个马甲我就不认识你了？！必须承认，原宿成功了！在此定要感谢幕后功臣——Coty，深蕴赚钱之道的 Coty！

　　还是来说说香味吧，G 只需三个字来描述：椰奶糖。

142 2009 女 清新俏丽，少女入门香

Love "Snow Bunnies"
爱心娃娃冬季限量

香型 花香型

前调 香柠檬、粉红柚子、桃子、竹子

中调 牡丹、玫瑰、水仙、埃及茉莉

尾调 伊兰花瓣、香草、麝香

网购参考价 200 元 /30ml EDT

专柜参考价 430 元 /30ml EDT

成熟	★★☆☆☆ 2.0	甜美	★★☆☆☆ 2.5
清爽	★★★☆☆ 3.5	休闲	★★★★☆ 4.0
留香	★☆☆☆☆ 1.5		

点评

看 Love 这个名字，原以为会香甜无比，结果不然。它很清新，花果柔甜。中规中矩走流行路线。年轻俏丽，主打春夏。

原宿系列作为少女入门香，还是非常不错的选择。但它若想流芳百世，靠这样的寻常香味，靠不断变换造型吸引消费者，终究会被更多花样百出的新品所掩埋。

143 **1961** 女
温润大方的柔和醛香

Caleche 四轮马车

香型 醛香花香型

前调 醛、柏、橙花、柑桔、柠檬、香柠檬、橙花油

中调 玫瑰、茉莉、伊兰、铃兰、鸢尾、栀子花

尾调 檀香、零陵香豆、龙涎香、麝香、香根草、雪松、橡树苔

网购参考价 300 元 /50ml EDT

专柜参考价 845 元 /50ml EDT

成熟 ★★★☆☆ 3.5　甜美 ★★☆☆☆ 2.0
清爽 ★★☆☆☆ 2.5　休闲 ★★☆☆☆ 2.5
留香 ★★★☆☆ 3.5

点评

　　Hermes 的第一款香水是 Eau d' Hermes，但更具影响力的是十年后由创造众多经典的大师 Guy Robert 调制的 Caleche。

　　说起醛香花香型，自然会联想到那种独特而强势的味道，例如 Chanel N°5。但 Caleche 与之相比，细节处各有千秋。N°5 热情奔放，而 Caleche 适当削弱了醛的强横，繁花的香气更加圆润柔软，散发优雅端庄的知性气质。

　　整体醛香柔和，花香温润大方，高贵中不失亲和力。适合成熟女性秋冬季节使用。

144 **1995** **女**
馥郁华丽的熟女香

24,Faubourg
法布街 24 号

香型 花香型

前调 橙、桃子、香柠檬、风信子、伊兰

中调 莺尾、橙花、栀子花、茉莉、黑接骨木

尾调 香草、檀香、广藿香、天然龙涎香

网购参考价 280 元 /50ml EDT

专柜参考价 845 元 /50ml EDT

成熟：★★★☆☆ 3.5		甜美：★★☆☆☆ 2.5	
清爽：★★☆☆☆ 2.0		休闲：★★☆☆☆ 2.0	
留香：★★★☆☆ 3.0			

点评

　　招牌式橘红色调，经典的丝巾图案，纪念与传奇意味的名字，24,Faubourg 是一款浑身上下散发爱马仕风格的香水。开场花与果的混合香气浓郁甘甜，中调栀子、橙花、茉莉的白花香气更显富丽芬芳，尾调趋于饱满而舒缓的东方气息。整体馥郁华丽，带着成熟的女性韵味。适合秋冬季节。

145 **2004** **中**
简洁明快，清新鲜活

Concentre d'Orange Verte
绿柑泉

香型 柑橘香型

香料 橙、罗勒、雪松、广藿香、龙涎香

网购参考价 280 元 /50ml EDT

成熟：★★☆☆☆ 2.5		甜美：★☆☆☆☆ 1.0	
清爽：★★☆☆☆ 2.5		休闲：★★★☆☆ 3.5	
留香：★★☆☆☆ 1.5			

点评

　　开场瞬间爆发出清脆醒目的柑橘香味，郁郁葱葱的绿植簇拥着鲜橙，青苦明亮的汁液香气流淌。待苦味慢慢褪去，青气更柔和透彻，带着些许甘甜，如品完果实后指尖留有余香。

　　整体香味轻快鲜活，简练但不简陋。适合春夏季节，休闲、工作皆可。

146 2004 女

醇和微妙，干练之味

Eau des Merveilles
橘彩星光

香型 木质东方香型

前调 橙、意大利柠檬

中调 印尼黑胡椒、粉胡椒、紫罗兰、龙涎香

尾调 冷杉、雪松、香根草、橡树苔、秘鲁香膏、安息香

网购参考价 300 元 /50ml EDT

专柜参考价 780 元 /50ml EDT

成熟	★★☆☆☆ 2.5	甜美	★☆☆☆☆ 1.0
清爽	★★☆☆☆ 2.5	休闲	★★☆☆☆ 2.0
留香	★★☆☆☆ 2.0		

点评

前调的柑橘香味很轻柔，带着果皮的微苦。黑胡椒的独特气息紧随其后登场，一个短暂而醒目的亮相，又逐渐低调起来。胡椒与树脂混合，呈现出醇厚而微妙的木质辛香中尾调。

Eau des Merveilles 的外观灿烂明亮，香味平和温暖，带着低调而干练的中性气质，适合年轻女性在秋季搭配简洁休闲装束，或是职场正装。

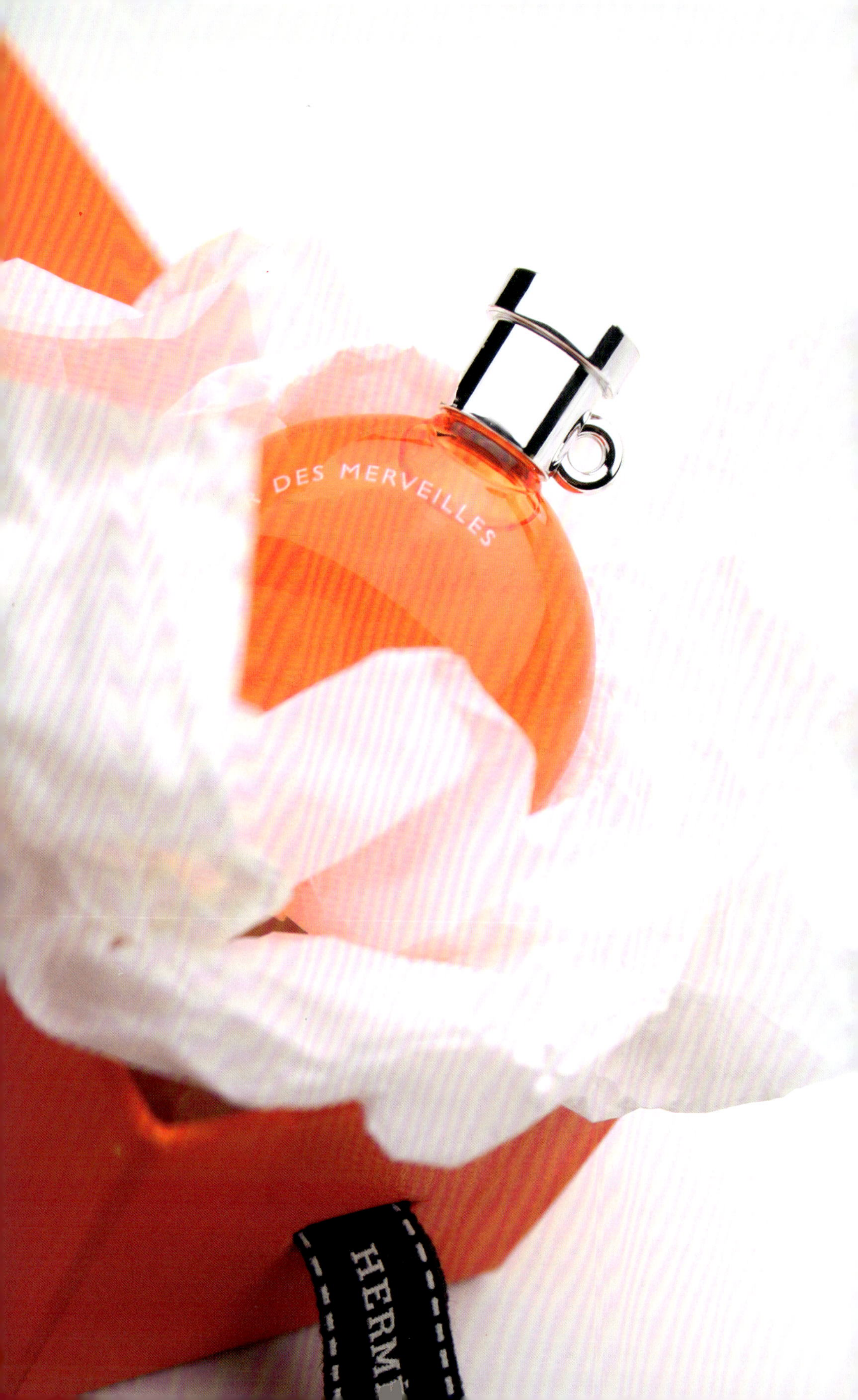
DES MERVEILLES

147 2005 女
一篇迷人的嗅觉游记

Hermessence Osmanthe Yunnan
闻香珍藏系列－云南桂花

香型 花果香型
前调 橙、茶
中调 桂花、小苍兰
尾调 杏、皮革
网购参考价 1600 元 /100ml EDT

成熟：★★☆☆☆ 2.5　　甜美：★☆☆☆☆ 1.5
清爽：★★★★☆ 4.5　　休闲：★★★★☆ 4.5
留香：★★☆☆☆ 2.0

点评

　　与其说 Osmanthe Yunnan 是香水，不如说它更像是名鼻 Jean-Claude Ellena 的游记，用香味讲述对中国文化的认知与感悟。

　　前调茶与橙子果肉的香味极轻极柔，仿佛邻座品着清茶剥开甜橙，你只能一旁观望，隐约嗅到点诱人滋味。中调花香清幽飘渺，有些捉摸不定。细闻多些绿意，不经意间又似置身密林小道，不见花枝，只随风传来一缕丹桂暗香。

　　闻过一些国外品牌的桂花主题香，大多是形神皆无的寡甜。Osmanthe Yunnan 虽不是我们通常意义的直白桂花，好在掌握了清雅的韵味，算得是一副写意佳作。

　　整体柔美静雅，温婉知性。适用年龄较宽泛，季节春夏。

148 **2006** **男** 精美大气的男香新贵

Terre d'Hermes 大地

香型 木质辛香型
前调 橙、葡萄柚
中调 天竺葵属植物、白胡椒
尾调 广藿香、雪松、香根草、安息香
网购参考价 360 元 /50ml EDT
专柜参考价 935 元 /50ml EDP

成熟：★★★☆☆ 3.0　　甜美：★★☆☆☆ 2.5
清爽：★★★☆☆ 3.5　　休闲：★★★☆☆ 3.0
留香：★★☆☆☆ 2.5

点评

　　Terre d'Hermes 是近年来风头最强劲的男香之一，夺得 2007 年 FiFi Award 奢华男香奖，销量与口碑双丰收。2009 年推出香精版，对于男香而言，可说是弥足珍贵了。

　　开场葡萄柚果味酸涩，接踵而至的是绿植的醒目青苦，还有胡椒原始而狂放的辛辣，Terre d'Hermes 的独特风格初见端倪。当绿植与胡椒电光火石般激烈碰撞，顿时香气四溅，明亮空灵，醒目高调地刺激着嗅觉神经，令人振奋不已。激情过后，气息逐渐平和，香根草的甘甜，以及木质与树脂香料的沉稳静逸，让尾调更显优雅精致。

　　整体风格独特，精美大气。适合春、夏、秋三季，休闲、办公均可。

　　注：本文评述为 Parfum 香精版本。

鼻子们的拿手香料

　　就像是厨师说：我擅长做川鲁大菜；作家说：我擅长写纪实文学……在纷繁的香料世界中，调香师也会对某种原料或某类型味道有着超群的掌控能力，进而形成自己独特的风格。

　　例如 Hermès 香水的掌舵人 Jean-Claude Ellena，人们常津津乐道于他将"茶"引入香水世界，而我却觉得他对胡椒的掌控更加出神入化。无论是：胡椒与玫瑰组合（Rose Poivree）、与柑橘的组合（Terre d'Hermes）、与香辛料的叠加组合（Un Jardin Apres la Mousson）、或是与药料的组合（Angeliques Sous La Pluie）等等，每每让人拍案叫绝赞叹不已。在 JCE 的简约风格中，胡椒往往充当着点睛一笔，在瞬间惊醒之后，嗅觉世界更加辽阔，神思渐远。

149
优雅干练女人香

Kelly Caleche
凯丽马车

香型 木质花香型

前调 葡萄柚、水仙、铃兰、玫瑰、绿植香调

中调 玫瑰、晚香玉、金合欢

尾调 鸢尾、皮革、木质香调

网购参考价 350 元 /50ml EDP

专柜参考价 910 元 /50ml EDP

成熟： ★★☆☆☆ 2.5	甜美： ★☆☆☆☆ 1.5
清爽： ★★☆☆☆ 2.5	休闲： ★★☆☆☆ 2.0
留香： ★★☆☆☆ 2.5		

点评

同样由名鼻 Jean-Claude Ellena 调制，获得 2008 年 FiFi Award 广告奖的 Kelly Caleche，香瓶不仅延续 Caleche 的传统风格，还增加了更多时尚元素，旋转上升的喷头与 Terre d'Hermes 遥相呼应。

前调花与葡萄柚混合出类似柑橘蜜饯的淡淡香甜味，带着一丝柔和辛香。中调果味慢慢消散，换作轻浅的玫瑰柔甜。尾调木质香气非常轻盈恬静，辅以薄而绵软的皮革气息。

整体香气优雅干练，适合职场年轻女性，春秋季节使用。

150 `2008` `中` 自然生机蓬勃欲出

Un Jardin Apres la Mousson
雨季后花园

`香型` 木质辛香型

`香料` 姜、姜花、芫荽、胡椒、小豆蔻、香根草

`网购参考价` 400 元 /50ml EDT

`专柜参考价` 755 元 /50ml EDT

成熟：★★☆☆☆ 2.0
甜美：★★☆☆☆ 2.0
清爽：★★★★☆ 4.0
休闲：★★★★☆ 4.0
留香：★★☆☆☆ 2.0

`点评`

Un Jardin Apres la Mousson 是继 "地中海花园" 和 "尼罗河花园" 后的第三款花园系列香水，三者都堪称是 Hermes 近年精雕细琢的畅销大作。

开场是非常新鲜水嫩的绿植香气，伴随着香根草纯净亮澈的清甜，仿佛在闷热的夏季咬了一口冰凉脆爽的小黄瓜，清香味瞬间透彻心扉。胡椒等辛香料识趣的轻柔点拨，增添更多灵动质感，自然生机蓬勃欲出。

Un Jardin Apres la Mousson 可能没有前两款花园表现出众，但仍然不失为一款好香。整体优雅细腻，水感清澈鲜活。搭配任何服饰，在各种场合都能有得体表现。虽然是中性香水，但略微偏女性气质。

151 1912 女

气场华贵的百年老香

Quelques Fleurs
花朵

香型 花香型

前调 橙花、龙蒿、柠檬、香柠檬、绿植香调

中调 玫瑰、茉莉、康乃馨、晚香玉、紫丁香、鸢尾根、伊兰、兰花、铃兰、天芥菜

尾调 檀香、麝香、龙涎香、橡树苔、麝猫香、零陵香豆

网购参考价 600 元 /50ml EDP

成熟	★★★☆☆	3.0
甜美	★★★☆☆	3.0
清爽	★★☆☆☆	1.5
休闲	★★☆☆☆	2.0
留香	★★★★☆	4.0

点评

Houbigant 是法国老牌香水世家了，它的历史比 Guerlain 还要早，且同样拥有众多皇家御用背景和丰富多姿的传奇故事，可它却远远没有如后者那般幸运。

Quelques Fleurs 诞生于 1912 年，上个世纪八十年代重新推出。香瓶已不是原来那个香瓶，香水呢，恐怕也不是当年那个香水了。但是，我必须承认，虽然可能已无法找到百年前的风采，但 Quelques Fleurs 依然很美。前调气息甜蜜，带着似果子酒酿般的醉人醇香。中调白色花束质感突出，馥郁瑰丽。尾调混合香料散发性感气质。

整体香气特色鲜明，气场华美，适合轻熟女作为春秋冬季晚宴等社交场合用香。

注：本文评述为 Parfum 香精版本。

152 **2004** **女**
细腻甜美的玫瑰花蜜
Quelques Fleurs Royale
皇室花朵

香型 花香型
前调 西西里香柠檬、葡萄柚
中调 花蜜、摩洛哥玫瑰、埃及茉莉、印度晚香玉
尾调 檀香、龙涎香、鸢尾根、白麝香
网购参考价 590 元 /50ml EDP

成熟：★★☆☆☆ 2.5　　甜美：★★★☆☆ 3.5
清爽：★★☆☆☆ 2.0　　休闲：★★★☆☆ 3.5
留香：★★★☆☆ 3.5

点评

　　开场就是一阵花蜜的美食香甜，柠檬果味只在远处薄薄铺衬。中调蜜意稍有减弱，转而变作玫瑰花香甜美。尾调没有太多变化，檀香与鸢尾根替代了玫瑰，继续散发温暖的奶甜气息。

　　整体香味甜美细腻，花蜜与玫瑰质感较突出，但欠缺更多鲜明个性。适合年轻女性在春秋冬三季使用。

153 1995 男
柔和清爽的畅销男香

Hugo 优客

香型 绿植香型
前调 青苹果、葡萄柚、熏衣草、薄荷
中调 康乃馨、天竺葵、鼠尾草
尾调 松树、广藿香、香根草、橡树苔
网购参考价 200 元 /40ml EDT
专柜参考价 385 元 /40ml EDT

成熟：★★☆☆☆ 2.5　甜美：★☆☆☆☆ 1.5
清爽：★★★☆☆ 3.0　休闲：★★★☆☆ 3.0
留香：★★☆☆☆ 2.0

点评

连夺 1996 年 FiFi Award 三项大奖的 Hugo，一直是品牌旗下最畅销男香。2010 年更请来德国当红球星 Serdar Tasci 来代言。

前调清凉微酸，薰衣草带出洁净舒爽的独特香味。中调绿植慢慢丰盛起来，青气平和流畅，薰衣草芳香依旧。此时的气息，与 Davidoff 的冷水男香有点异曲同工，但更年轻休闲一些。尾调木质轻柔，散发淡淡药香。

整体香气柔和清爽，优雅静逸。适合年轻男士在春夏季节使用。

154 2002 男
清新活力，时尚型男

Boss in Motion 动感

香型 东方蕨香型
前调 橙、香柠檬、罗勒花、紫罗兰叶
中调 小豆蔻、肉豆蔻、粉胡椒、肉桂
尾调 麝香、檀香、香根草、木质香调
网购参考价 220 元 /40ml EDT
专柜参考价 420 元 /40ml EDT

成熟：★★☆☆☆ 2.0　甜美：★☆☆☆☆ 1.5
清爽：★★★☆☆ 3.5　休闲：★★★☆☆ 3.5
留香：★★☆☆☆ 2.5

点评

简洁圆润的造型颇有特色，新颖的底部按压设计，拿在手中多了些把玩的乐趣。开场果味清凉舒畅，一丝淡淡的花香隐现。中调辛香温和，气息微甜，依然有些花朵柔美。尾调檀香的质感比较突出，甜味绵长。整体清新活力，休闲时尚。适合年轻男士，春秋季节使用。

I

i Profumi di Firenze 翡冷翠之香

Issey Miyake 三宅一生

155 `2000` `女` 遗失 500 年的皇室配方

Caterina de Medici

凯瑟琳·德·梅第奇

香型 花香型

香料 大马士革玫瑰、铃兰、莺尾

网购参考价 480 元 /50ml EDP

成熟：★★☆☆☆ 2.5　　甜美：★★☆☆☆ 2.0
清爽：★★☆☆☆ 2.5　　休闲：★★☆☆☆ 2.5
留香：★☆☆☆☆ 1.5

点评

　　i Profumi di Firenze 的创始人 Giovanni Di Massimo 博士，在 1966 年得到了十六世纪凯瑟琳皇后的古老手稿，按照其中记载，调配还原出堪称化石的古董香水。事实还是炒作？向凯瑟琳皇后求证肯定是行不通的，只能靠鼻子去品味了。博士挑选了手稿中最好的一款香水，将它命名为：Caterina de Medici，以纪念这位推动法国香水发展的女人。

　　它没有三调变化，这是意料之中的，因为当时 Jicky 还未诞生。混合花香甘甜馥郁，铃兰气息比较突出。除了整体风格有些简略，缺乏更多精细质感以外，几乎没有老旧痕迹，更像是 20 世纪的产物。

　　花香柔和端庄，适合轻熟女在春秋季节使用。

156 2006 女
电影 Perfume 香水

Essendo 存在

香型 花香型

前调 橙、柠檬、香柠檬、椰子

中调 百合、玉兰、伊兰、紫罗兰、仙客来

尾调 香草、雪松、檀香、麝香、香根草

网购参考价 480 元 /50ml EDP

成熟	★★☆☆☆ 2.5	甜美	★★☆☆☆ 2.0
清爽	★★☆☆☆ 2.0	休闲	★★☆☆☆ 2.0
留香	★☆☆☆☆ 1.5		

点评

　　传闻 Essendo 是配合电影《Perfume 香水》推出的，再次应证了博士敏锐的商业头脑。那它是否也有电影中那瓶香水的神奇魔力呢？考验博士鼻子的时候到了！

　　这回肯定不是什么古董秘方了，居然也没有明显三调变化，两调还是有的。开场带着奶味的香甜，之后慢慢减弱，变成一种稍显混沌的花与木质结合体。

　　适合年轻女性在秋季使用。

157 1992 女 清新如水的领军人物

L'Eau D'Issey 一生之水

香型 水生花香型

前调 甜瓜、玫瑰、莲花、仙客来、玫瑰水、小苍兰

中调 百合、牡丹、铃兰、康乃馨

尾调 桂花、晚香玉、雪松、麝香、龙涎香、异域木材

网购参考价 300 元 /50ml EDT

专柜参考价 615 元 /50ml EDT

成熟：★★★☆☆ 3.0　　甜美：★★★☆☆ 3.0
清爽：★★☆☆☆ 2.0　　休闲：★★★☆☆ 3.0
留香：★★☆☆☆ 2.0

点评

　　获得 1994 年菲菲奖的 L'Eau D'Issey，它的成功不仅体现在名誉和销量上。其香味已成为一种范本，被低端香水甚至假货们争相模仿。有的还做得惟妙惟肖，令人哭笑不得！

　　L'Eau D'Issey 诞生之时，还没有 Cool Water Woman，更没有 L'Eau par Kenzo，它清新的水质花香可谓一枝独秀。调香师 Jacques Cavallier 将香料的特质压抑弱化，凝聚成一种甜美而懵懂的花香，似泉水般洁净流畅。不过，相对今天风起云涌的水生香大军，L'Eau D'Issey 已显得不够清透明亮。于是，一堆又一堆 L'Eau D'Issey 限量版应运而生，随波逐流。

　　花香清新柔和，特点较鲜明，但撞香率高，可作为入门选择。适合春夏季节。

158 1994 男
鲜活水感，木质明快

L'Eau D'Issey pour Homme
一生之水男香

香型 木质水生香型

前调 柠檬、柚子、柑橘、香柠檬、芫荽、鼠尾草、龙蒿、柠檬马鞭草、柏

中调 铃兰、蓝莲花、肉豆蔻、藏红花、波旁天竺葵、木犀草、斯里兰卡肉桂

尾调 雪松、烟草、印度檀香、大溪地香根草、麝香

网购参考价 290 元 /75ml EDT

专柜参考价 475 元 /75ml EDT

成熟：★★☆☆☆ 2.5　　甜美：★☆☆☆☆ 1.5
清爽：★★★☆☆ 3.0　　休闲：★★★☆☆ 3.5
留香：★★☆☆☆ 2.0

点评

　　成功男人的背后都有一个女人，成功女香后面都会跟着一个男香。两年之后，L'Eau D'Issey pour Homme 诞生，同样出自 Jacques Cavallier 之手，并获得了 1996 年菲菲奖。

　　L'Eau D'Issey pour Homme 前调木质与辛香料质感突出，鲜活醒目，清新中略有微辣。中调显现出一些新鲜水感，和女香有所呼应，但依然是香辛为主。尾调是木质柔甜，残留一丝水香余韵。

　　整体清爽明快，适合年轻男性在春夏季节使用。工作、休闲皆可。

J

159

1753 **女**

华丽甜美，妩媚诱惑

Fath de Fath 法特之法特

香型 东方香型

前调 香柠檬、梨、桃子、柠檬、柑橘、李子、黑醋栗、黑醋栗叶芽

中调 玫瑰、茉莉、铃兰、橙花、晚香玉、天芥菜

尾调 香草、麝香、广藿香、安息香、龙涎香、雪松、零陵香豆

网购参考价 300 元 /50ml EDT

成熟：★★★☆☆ 3.5　　甜美：★★★☆☆ 3.5
清爽：★★☆☆☆ 1.5　　休闲：★★☆☆☆ 2.5
留香：★★★☆☆ 3.5

点评

　　法国时装设计师 Jacques Fath 品牌下硕果仅存的几款香水之一，资深玩家们不妨通过这款香水凭吊一下这位英年早逝的天才。

　　诞生于 1953 年的 Fath de Fath，1993 年改版重新推出。多面体切割造型的香瓶如钻石般闪耀华贵，通透的玻璃瓶身质感十足。富有亲和力的香甜味道贯穿始终，尾调中的东方气息温润醇厚，充满女性的妩媚诱惑。

　　整体香味细腻甜美，质感丰富。成熟优雅的女性在秋冬季节配搭晚装，应有不俗的表现。

160 [1993] [男]

绿意强劲，清凉春夏

Green Water 绿水

香型 绿植香型

前调 柠檬、柑橘、青柠、香柠檬、罗勒、苦橙叶、胡萝卜、绿植香调

中调 茉莉、铃兰、姜

尾调 橡树苔、麝香、龙涎香

网购参考价 300 元 /50ml EDT

成熟：★★☆☆☆ 2.5
甜美：★☆☆☆☆ 1.0
清爽：★★☆☆☆ 2.0
休闲：★★★☆☆ 3.0
留香：★☆☆☆☆ 1.5

点评

有两种信息，一说 Green Water 是 1953 年的香水，另一说是 1993 年。个人认为，更有可能是如 Fath de Fath 一样 93 年复出。至于是否被重新调配，就不得而知了。

开场柠檬果肉清新，鲜嫩微酸，瞬间又被强大的绿植气息掩盖。清凉浓烈，酸苦青涩，像新鲜薄荷叶与草药熬制的汤汁。待绿意逐渐褪去，花朵清香显得特别温馨静逸，带着一丝嫩姜的小辛辣。也许这正是 Green Water 趣致所在，前调的强势，更映衬了中、尾调的柔美。

除前调有些猛烈，整体清凉雅致，适合春夏季节。

161

2002 男

清爽明亮，干练得体

Jaguar 捷豹

香型 蕨香型

前调 橙、柑橘、香柠檬、罗勒、薰衣草、杜松子、八角茴香

中调 橙花、莲花、姜

尾调 檀香、白麝香、安息香

网购参考价 140 元 /40ml EDT

成熟	★★☆☆☆ 2.5	甜美	★★☆☆☆ 1.5
清爽	★★★☆☆ 3.0	休闲	★★★☆☆ 3.0
留香	★★☆☆☆ 1.5		

点评

　　前调混合辛香和绿植，醒目微辣。八角温暖甘甜，薰衣草散发洁净气息。中调花香质地轻盈，柔和透亮，时而闪烁一点姜的小辛辣。尾调趋于平静沉稳，檀香微甜，依然带着薰衣草的余韵。

　　整体香气清爽明亮，干练得体。适合春夏季节，年龄与场合较宽泛。

162

2006 女

鲜嫩水感，轻松休闲

Jaguar Fresh Woman
清新捷豹女香

香型 水生花香型

香料 西瓜、菠萝、百合、薄荷、香草、常青藤

网购参考价 260 元 /100ml EDT

成熟	★★☆☆☆ 2.0	甜美	★★☆☆☆ 1.5
清爽	★★★★☆ 4.5	休闲	★★★★☆ 4.0
留香	★☆☆☆☆ 1.0		

点评

　　非常清新且清淡的香味。取西瓜的充足水感，但不带西瓜的香甜质感。更是像橘子果肉的清润多汁，加上类似新鲜黄瓜的嫩绿香气。整体清爽简洁，偏中性气质。用果与绿植营造鲜嫩水感，轻松休闲。适合年轻女性在夏季使用。

163

迈克尔杰克逊的最爱

Bal a Versailles

凡尔赛舞会

香型 东方香型

前调 柠檬、柑橘、香柠檬、橙花油、迷迭香、茉莉、橙花、保加利亚玫瑰、醋栗叶芽、玫瑰

中调 铃兰、伊兰、紫丁香、香根草、鸢尾根、广藿香、檀香

尾调 香草、安息香、麝香、龙涎香、麝猫香、雪松、树脂、妥鲁香膏

网购参考价 280 元 /50ml EDT

成熟：★★★☆☆ 3.5　　甜美：★★★★☆ 4.0
清爽：★★☆☆☆ 1.5　　休闲：★★★☆☆ 3.0
留香：★★★☆☆ 3.5

点评

Jean Desprez 可以称得上是香水世家，旗下产品精益求精，可惜经营不善于 1994 年被美国帕鲁香水公司收购。现在市面上能找到的 Desprez 产品不多，常被被资深玩家们所提起的就是这款 Bal a Versailles。

2009 年，互联网上一夜之间掀起了这款香水的求购狂潮。原因很简单，在关于迈克尔·杰克逊的纪念文章中，提到 MJ 生前非常喜爱 Bal a Versailles——"Michael treated the bottles of this scent like gold. He was always so thrilled to have it."

这款香水的香甜质感能给人留下鲜明的印象，花香浓郁但不强势，温柔地从肌肤向四周弥漫。适度的东方香料为整体气息增加了沉稳柔和的感觉，扩大了它的适用人群与环境。

164 1930 女
气势磅礴的饱满花香

Joy 欢乐

香型 花香型

前调 醛、桃子、玫瑰、伊兰、晚香玉、绿植香调

中调 保加利亚玫瑰、茉莉、铃兰、兰花、鸢尾根

尾调 檀香、麝香、麝猫香

网购参考价 750 元 /50ml EDP

成熟：	★★★☆☆	3.5
甜美：	★★★☆☆	3.0
清爽：	★☆☆☆☆	1.0
休闲：	★★☆☆☆	2.0
留香：	★★★★☆	4.0

点评

"世界上最昂贵的香水"、"全球畅销量仅次于 Chanel N°5"，如果将这些华丽的头衔暂归为传闻，那么，"世界上最好的五款香水之一"，绝对是 Joy 当之无愧的称号。

同 Chanel N°5 一样，Joy 也带着醛香。不过，白花的气息太为强大了！10600 朵茉莉，28 打玫瑰，惊心动魄的数字造就了气势磅礴的香味，醛只开场一亮相，随即退到远处。茉莉花香浓郁得放肆，与动物性香料一同散发持久的粉质异香。随着肌肤温度的自然烘烤，Joy 越发温柔愉悦，别有一番滋味。

花香醇厚饱满，性感华丽。成熟女性秋冬季节适用，根据自身皮肤特质和出席场合，适度喷洒。

165 2002 女
年轻一代的欢乐之味

Enjoy 乐趣

香型 花果香型

前调 橙、梨子、香蕉、柑橘、黑醋栗、香柠檬、醋栗叶芽

中调 土耳其玫瑰、保加利亚玫瑰、印度茉莉

尾调 香草、麝香、广藿香、龙涎香

网购参考价 300 元 /50ml EDP

成熟	★★☆☆☆ 2.5	甜美	★★★☆☆ 3.0
清爽	★★☆☆☆ 2.0	休闲	★★☆☆☆ 2.5
留香	★★☆☆☆ 2.0		

点评

Jean Patou 是少数拥有自己鼻子和高级香水定制服务的品牌之一，但最近十年面市的新作极少，Enjoy 算是其中之一。

前调黑醋栗的果味非常清晰，似乎熟透了，蜜糖香甜中带着微苦。中调花香标致，甜美娇丽，玫瑰比较突出。尾调平平，柔和的东方气息。

Enjoy 走的是年轻化路线，香味甜美端庄，质感尚可。适合年轻女性，场合与季节限制不大。

166 1993 女 性感妖娆女人香

Classique 经典

香型 东方花香型

前调 柑橘、梨、橙花、玫瑰、八角茴香

中调 李子、兰花、伊兰、鸢尾、姜

尾调 香草、麝香、龙涎香

网购参考价 380 元 /50ml EDP

专柜参考价 610 元 /50ml EDP

成熟：★★★☆☆ 3.5
甜美：★★★☆☆ 3.5
清爽：★☆☆☆☆ 1.5
休闲：★★☆☆☆ 2.0
留香：★★★★☆ 4.0

点评

　　有"时尚顽童"之称的鬼才设计师 JPG，亲自创作 Classique 的香瓶。虽与前卫艺术先锋 Schiaparelli 一款 1937 年的香水非常相似，但还算得是各有特色。此后，JPG 几乎所有香水瓶都沿袭人体造型。

　　与 Issey Miyake 一样，JPG 香水归属于 Shiseido 旗下。这两个品牌最经典的香水，也都由 Jacques Cavallier 调制。相同的鼻子，创造出截然不同的两种气质：一生之水柔和淡雅，Classique 则充满成熟女性的性感妖娆。玫瑰和香草柔软甜美，树脂温暖浑厚，交织出华丽浓郁的东方质感。

　　整体热情奔放，香甜强大。可作为秋冬季节聚会和社交用香。

　　注：本文评述为 Parfum 香精版本。

167 **2005** **中**
深情相拥的温暖甜香

Gaultier ² 爱的力量

香型 东方香型

香料 香草、麝香、龙涎香

网购参考价 350 元 /40ml EDP

专柜参考价 550 元 /40ml EDP

成熟：★★★☆☆ 3.0
甜美：★★★☆☆ 3.0
清爽：★★☆☆☆ 2.0
休闲：★★★☆☆ 3.5
留香：★★☆☆☆ 2.5

点评

　　终于有了一款与人体造型无关的香瓶，Gaultier ² 却依然不失时尚顽童的特色。背面的金属板磁扣设计，可以将两个香瓶紧紧相吸，看似简单的外形多了一份趣味。

　　作为 JPG 第一款中性香水，Gaultier ² 显得有些过于香甜，男士需谨慎使用了。最醒目的当属香草，如奶油般甜蜜，夹杂着类似豆蔻的微微辛香。余韵散发树脂与少量香草的混合气息。

　　整体甜美温暖，更适合轻熟女在秋冬季节使用。

168 `2002` `女` 美人出浴，一抹幽香

Glow 闪亮之星

香型 花香型
前调 柑橘、粉葡萄柚、橙花油
中调 玫瑰、茉莉、橙花、鸢尾、晚香玉
尾调 香草、檀香、麝香、龙涎香
网购参考价 130 元 /30ml EDT
专柜参考价 360 元 /30ml EDT

成熟：★★☆☆☆ 2.5　　甜美：★★☆☆☆ 2.0
清爽：★★☆☆☆ 2.5　　休闲：★★★☆☆ 3.0
留香：★★☆☆☆ 2.5

点评

　　明星出香水早已不是罕事，但像 Jennifer Lopez 这样做得有声有色，叫好又叫座的，还真是不多。首款女香 Glow 便创下年销售过亿美金的傲人成绩，令人惊叹。

　　不少人说 Glow 像香皂，我想它至少是做工不错的"香皂"。混合花朵温和淡雅，粉质甜香柔润，的确有香皂洁净幼滑的质感。也难怪 Jennifer Lopez 全裸出镜拍摄广告，大概就是传达这种如沐浴般的清新爽洁吧。

　　香味柔软感性，有一定细节。年轻女性，春夏季节适用。

169 清甜可人菠萝果味

Live 活力（珍爱）

香型 花果香型

前调 意大利橙、西西里柠檬、菠萝

中调 牡丹、紫罗兰、红醋栗花

尾调 焦糖、檀香、零陵香豆

网购参考价 160 元 /50ml EDP

成熟：★★☆☆☆ 2.5
甜美：★★☆☆☆ 2.5
清爽：★★☆☆☆ 2.5
休闲：★★★☆☆ 3.0
留香：★★☆☆☆ 2.0

点评

　　名人香水不可能单靠粉丝追捧，没有品质与细节的支撑也很难长久立足。Jennifer Lopez 的香水，不论在香瓶还是香味上，都花了不少心思。比如 Glow 系列都附带小饰物，而 Live 则在香瓶上做出如琉璃般的多彩变化。

　　前调的菠萝味清甜可人，颇有些食欲。中调花朵香甜，依然有果味伴随。尾调没有更多丰富质感，延续之前的香甜气息。

　　整体清新甜美，符合当下流行趋势，但缺乏鲜明个性。适合年轻女性春夏季节使用。

170 如沐春光的幸福温馨
2008 女

Deseo Forever 定情石

香型 花果香型

前调 苹果、桃子、香柠檬、小苍兰

中调 粉玫瑰、铃兰、玉兰、橙花、金合欢

尾调 雪松、麝香、广藿香、橡树苔、龙涎香、檀香

网购参考价 180 元 /50ml EDT

成熟：★★☆☆☆ 2.5　　甜美：★☆☆☆☆ 1.5
清爽：★★★☆☆ 3.5　　休闲：★★☆☆☆ 2.5
留香：★★☆☆☆ 2.5

点评

Deseo Forever 的外观很有些特色，夸张而又不规则的宝石造型，拿在手中分量十足。

香柠檬清新登场，紧接着是一种混合的花果香气，没有特别突出的质感，气息轻柔香甜，如沐春光的幸福温暖感。尾调散发平和的木质气息，带着檀香的淡淡奶甜。

柔美温馨，亲和力佳。但欠缺些丰富细节，整体略平淡。适用年龄较宽，春夏季节，工作休闲皆可。

171 2009 女
轻柔粉嫩的温情之作

My Glow 天使爱

香型 木质花香型

前调 睡莲、薰衣草、小苍兰

中调 白玫瑰、牡丹、卡萨布兰卡百合、绿植香调

尾调 檀香、麝香、天芥菜、木质香调

网购参考价 200 元 /50ml EDT

成熟：	★★★☆☆ 2.0	甜美：	★★★☆☆ 2.5
清爽：	★★☆☆☆ 2.5	休闲：	★★★★☆ 3.5
留香：	★★☆☆☆ 2.0		

点评

带着小翅膀的天使瓶型，轻柔粉嫩的香气，Jennifer Lopez 从女人到母亲的角色转换，都展现在 My Glow 身上。它的混合花香柔软粉甜，木质平和静逸。可惜太过保守，闻着只感觉似曾相识，无更多特色可言。

亲切随意的淡柔粉甜，有点像宝宝的爽身粉。适合年轻女性，春夏季节皆宜。

172 2005 女
柔和细致的轻熟韵味

In Black 黑珍珠

香型 花果香型

前调 酸樱桃、粉葡萄柚、玫瑰

中调 桃子、埃及茉莉、紫罗兰、紫丁香

尾调 马达加斯加香草、摩洛哥雪松、广藿香、甘草、麝香

网购参考价 220 元 /50ml EDT

成熟	★★★☆☆ 3.0	甜美	★★☆☆☆ 2.5
清爽	★★☆☆☆ 2.0	休闲	★★★☆☆ 3.0
留香	★★★☆☆ 3.5		

点评

开场是樱桃酸酸甜甜的可口香味，很像小时候喝过的果味汽酒。这种独特醒目的香味没维持多久，很快被熟桃与紫罗兰的浓郁香甜替代。到此，我以为 In Black 将演变为性感妖艳的中尾调。但是我错了，之前的香甜逐渐轻柔，气息渐淡却越发醇厚细腻，颇有些东方香的韵味。

整体香甜有度，柔和细致，前调樱桃与尾调的甘草比较有特色。适合轻成熟女性秋冬季节使用。

注：本文评述为 Parfum 香精版本。

173 2007 女
来自白花的知性诱惑

In White 白珍珠

香型 花香型

前调 竹叶、柠檬花、香柠檬

中调 橙花、兰花、杏花、玉兰、埃及茉莉、白色小苍兰

尾调 鸢尾、麝香

网购参考价 220 元 /50ml EDT

成熟：★★☆☆☆ 2.5
甜美：★☆☆☆☆ 1.0
清爽：★★★☆☆ 3.0
休闲：★★☆☆☆ 2.5
留香：★★☆☆☆ 2.0

点评

闻过 In Black 后，很难预料 In White 是如此洁白淡雅。花朵从开场就蹦了出来，带着一丝绿植苦味。中调白花的组合很是精巧，几乎可以清晰地闻到每一朵鲜花的特质，明亮的橙花，清雅的茉莉，大气的玉兰，都在其中闪烁，层次分明。还伴随一种揉捏花瓣的汁液青气，幽香阵阵，鲜嫩欲滴。尾调几乎都是花香的延续，逐渐寡淡。

花香优雅纯净，气质知性。适用年龄与场合较广，春夏季节皆可。

174 1999 中 极品柑橘香

Lime Basil & Mandarin
青柠、罗勒和橘

香型	柑橘香型
前调	青柠、柑橘、香柠檬
中调	罗勒、葛缕子、紫丁香、鸢尾、百里香
尾调	广藿香、香根草
网购参考价	700 元 /100ml EDC

成熟	★★☆☆☆ 2.5	甜美	★★☆☆☆ 2.0
清爽	★★★★☆ 4.0	休闲	★★★★☆ 4.0
留香	★★☆☆☆ 2.0		

点评

如果没有闻过 Lime Basil & Mandarin，就不算真正了解 Jo Malone 低调而精妙的品牌风格。如果闻了 Lime Basil & Mandarin，恐怕又应了那句"五岳归来不看山，黄山归来不看岳"，天下"柑橘"都黯然失色了！闻还是不闻？是个问题……

大部分的柑橘香型，或多或少都会带着些果皮的刺激辛辣，绿植的青涩苦楚，仿佛没了这些元素，就不够醒目逼真了。Lime Basil & Mandarin 却完全不同。扔掉那些晦涩青苦的暗沉色调，只取蜜橘果肉的纯净甜嫩、青柠汁液的透亮微酸、新鲜绿植的清新草香，三者质感分明又醇和流畅。跃然鼻端的不仅是果与叶丰润生动的香气，还有红黄青绿的色彩意境。

香气韵味清雅，质感细腻舒畅，香料搭配堪称完美。适合春夏，秋冬季节可在室内使用。

175 `2004` `女`
温婉有致，小家碧玉

Vintage Gardenia
栀子佳期

香型 花香型
前调 风信子
中调 栀子花、晚香玉、康乃馨、小豆蔻
尾调 檀香、乳香、没药、香根草
网购参考价 700 元 /100ml EDC

成熟	★★☆☆☆ 2.5	甜美	★★☆☆☆ 2.5
清爽	★★☆☆☆ 2.5	休闲	★★★☆☆ 3.0
留香	★★☆☆☆ 2.0		

点评

以某种香料作为香水的名字和主题，几乎是每个沙龙品牌的必修功课。就好像语文考试里的命题作文，每一瓶香水都是一篇答卷，阐述各自品牌不同的理念与风格。

这朵 Vintage Gardenia 自然是秉承 Jo Malone 亲和且低调的作风，一方面削弱栀子的浓郁豪迈，同时又比较写实的展现栀子本色。花香质朴大方，柔甜中带着些许绿植青味。还辅以晚香玉的淡淡幽香，增添花朵质感。

八个字概之：温婉有致，小家碧玉。适合春夏季节，休闲、工作皆可，年龄不限。

176 2008 男
青春朝气的小帅锅

Dirty English 脏话

香型 木质辛香型

前调 橘子、卡拉布里亚香柠檬、胡萝卜籽、柏

中调 墨角兰、黑皮革

尾调 乌木、沉香、龙涎香、小豆蔻、黑苔藓、鸢尾根、檀香、麝香、阿特拉斯雪松

网购参考价 260 元 /50ml EDT

成熟：★★☆☆☆ 2.0
甜美：★☆☆☆☆ 1.5
清爽：★★☆☆☆ 2.5
休闲：★★★☆☆ 3.5
留香：★★☆☆☆ 2.0

点评

2006 年，Juicy Couture 才进军香水市场，作品虽少但反响还不错。就冲她堂而皇之地把两只西高地犬放在 LOGO 上，也值得我长久关注。Dirty English 是目前唯一的男香，名字虽有点叛逆，但香水绝对不"脏"。味道以木质为主，辛香料为辅，烟草与皮革穿插其中，增添更多灵动感。甜味虽淡却应用出彩，柑橘的清甜，檀木的奶甜等等，质感柔和富有青春气息。适合 25 岁以下男性在春、夏、秋三季使用。

Juicy Couture 的香水大多会在香瓶上加一些小首饰附送，讨巧别致颇受欢迎，当做礼品相互馈赠也是不错的选择。

K

Kaloo 卡露儿

Karl Lagerfeld 卡尔·拉格菲尔德

Kenzo 高田贤三

Koto Parfums

177 2001 童
单纯的宝宝世界

Blue 蓝色小熊

香型 花果香型

香料 香柠檬、橙花

网购参考价 160 元 /50ml EDS

成熟：★☆☆☆☆ 1.0
甜美：★☆☆☆☆ 1.0
清爽：★★★★☆ 4.5
休闲：★★★☆☆ 3.5
留香：★☆☆☆☆ 1.0

点评

　　成立于 1998 年的 Kaloo，是法国婴童用品知名品牌。2001 年首度推出宝宝香水，并将柔软玩具巧妙地融入瓶型设计中。可爱的香味与稚嫩的造型，立刻成为秒杀少女的热销新宠。Blue 柔软浅甜的香味，完全就是一朵标标致致、清透纯洁的橙花。这就足够了，它不需要什么三调结构，也不需要精致复杂的香味，宝宝的世界就应该这么单纯。

　　清甜粉嫩，适合春夏季节。特点：无酒精低刺激度。缺点：留香很短。

178 `2001` 🔒 属于女宝宝的清新粉嫩

Lilirose 粉柔莉莉

`香型` 花果香型

`香料` 柑橘、玫瑰

`网购参考价` 160 元 /50ml EDS

成熟：★☆☆☆☆ 1.0
甜美：★⯨☆☆☆ 1.5
清爽：★★★★⯨ 4.5
休闲：★★★⯨☆ 3.5
留香：★☆☆☆☆ 1.0

`点评`

　　Kaloo 香水最大的卖点，不是香味，不是无酒精，而是各式各样的小动物造型香瓶，还有花样翻新、附赠玩具的礼盒，可爱得足以融化每一位家长和少女柔软的心房。

　　Lilirose 是特意为女宝宝们准备的，男宝宝用也无妨。闻之就是一瓶粉粉柔柔清新娇嫩的玫瑰水。适合春夏季节。

179 1994 女
欢快明朗的东方花果

Sun Moon Stars
日月星

香型 东方花果香型

前调 桃子、菠萝、香柠檬、玫瑰、睡莲、小苍兰

中调 茉莉、铃兰、康乃馨、鸢尾根、天芥菜、橙花、水仙、兰花、

尾调 香草、雪松、檀香、麝香、龙涎香

网购参考价 200 元 /50ml EDT

成熟：★★★☆☆ 3.0
甜美：★★★☆☆ 3.0
清爽：★★☆☆☆ 2.0
休闲：★★★☆☆ 3.5
留香：★★★☆☆ 3.0

点评

Karl Lagerfeld，这老头儿太有意思了，无论到哪里打工都要想方设法和香水扯上关系。他促使 Chloe 诞生了第一款同名香水，他主持推出了 Chanel 的 Coco，就连 Fendi 的 Theorema 广告照片都是他亲手拍摄的。但是上述种种显然都不能让他满足，1978 年终于以个人名义建立了香水品牌。这份对香水的执著与喜爱，让人自叹弗如，愧煞人也。

Sun Moon Stars 是该品牌最受欢迎的产品，香瓶漂亮得让人过目难忘。味道上与 CK Eternity 有些相似，都带点咸话梅的感觉。但果香甜美，花香繁复，尾调的东方香料浑厚有力，整体开朗欢快，个性更加鲜明。

适合秋冬季节，休闲逛街、聚会唱 K 等场合皆可。

180 `1999` `男`
花果共舞，飘逸水香

L'Eau par Kenzo pour Homme
清泉男香（风之恋）

香型 水生香型
前调 日本柚子、巴西红木
中调 莲花、水生薄荷
尾调 青胡椒、白麝香
网购参考价 220 元 /50ml EDT
专柜参考价 510 元 /50ml EDT

成熟：★★⯪☆☆ 2.5　　甜美：★☆☆☆☆ 1.0
清爽：★★★⯪☆ 3.5　　休闲：★★★⯪☆ 3.5
留香：★⯪☆☆☆ 1.5

点评

　　同为来自日本的设计师，三宅一生的香水紧扣时尚脉搏，而 Kenzo，感觉更带着些亚洲文化的温婉含蓄。有趣的是，两者都以清新水香名声大噪，真是应了一个词：风生"水"起。

　　L'Eau par Kenzo 是男女对香，主打清澈水韵。男香的开场柚子果味很明亮，清新中带着少许青涩，鲜活灵动。莲花香味慢慢渗出，散发通透水感与柚子携手共舞，勾勒清甜飘逸的出色中调。尾调微微辛香，当水生质感不再鲜活时，余韵显得有些木讷平淡了。

　　适合春夏季节，休闲为主，办公环境也可使用，对周遭没有侵扰。

181 2000 女
柔软粉甜的畅销花香

Flower by Kenzo
一枝花

香型 东方花香型

前调 醋栗、黑醋栗、野山楂、保加利亚玫瑰、紫罗兰

中调 玫瑰、茉莉、帕尔玛紫罗兰、防风根

尾调 香草、白麝香

网购参考价 200 元 /30ml EDT

专柜参考价 460 元 /30ml EDT

成熟：★★☆☆☆ 2.5　　甜美：★★☆☆☆ 2.5
清爽：★★☆☆☆ 2.0　　休闲：★★☆☆☆ 2.5
留香：★★☆☆☆ 2.0

点评

　　获得 2002 年 FiFi Award 两项大奖的 Flower by Kenzo，其知名度与销量，毫不逊于 L'Eau par Kenzo。两者都是 Kenzo 风格之典范，后续和限量版产品也是难以计数。

　　前调酸味果子与玫瑰花香的搭配很有些特色，柔润雅致。不过那种酸，总让我联想到胶水。抱歉，可能比喻得不够美妙，实在是情非得已、情难自制、情不自禁……中调变化不大，花朵粉甜更多一些。

　　请不要被我的比喻吓倒，一枝花的品质与香味还是不错的，没有太多季节、年龄以及场合限制，非常适合入门香迷练习使用搭配。

182 **2005** **女**
淡雅柔和的一片绿叶
Summer by Kenzo 晨曦新露

香型 东方花香型

前调 柠檬、香柠檬、柑橘类水果

中调 茉莉、铃兰、小苍兰、紫罗兰、金合欢、杏仁奶

尾调 雪松、苏合香脂、柑橘类水果、龙涎香、麝香、木质香调、

网购参考价 240 元 /50ml EDP

成熟	★★☆☆☆ 2.5	甜美	★☆☆☆☆ 1.5
清爽	★★★☆☆ 3.5	休闲	★★☆☆☆ 2.5
留香	★☆☆☆☆ 1.5		

点评

这款香水不仅外观延续了 Kenzo Parfum D'Ete 的叶子造型，前调也带着柔和微甜的绿植青气。中调花朵幽香淡雅，质感洁白娟秀，依然保持着鲜嫩的绿草清香。尾调的木质微酸气息相对来说比较平淡空泛了，还有一丝残存花香。

整体柔和清新，简洁明快。年轻女性春夏季节适用，工作、休闲皆可。

183 **2006** **女**

温暖雅致，爱意绵绵

KenzoAmour 千里之爱

香型 木质花香型

前调 巴厘岛赤素馨、天芥菜

中调 白茶、日本樱花

尾调 香草、麝香、赞纳卡树

网购参考价 200 元 /50ml EDP

成熟	★★☆☆☆ 2.5	甜美	★★☆☆☆ 2.5
清爽	★★★☆☆ 3.0	休闲	★★★☆☆ 3.0
留香	★★☆☆☆ 2.5		

点评

作为新晋热销的后起之秀，KenzoAmour 获得 2007 年 FiFi Award 两项大奖，可谓名利双收。它的外观设计也有些心思，有红、黄、白三种不同颜色的香瓶，分别代表三种规格。

整体温暖雅致，三调变化不算明晰，都贯穿一种粉柔奶甜。中调带着点茶的微苦，余韵淡淡麝香气息。KenzoAmour 有一种飘忽之美，仔细端详时气味轻薄，不经意间又甜香阵阵。适合年轻女性在秋冬季节使用。

184 2008 女
清秀淡雅，静逸之美

Eau de Fleur de Magnolia
玉兰花露

香型 花香型

香料 玉兰、香柠檬、柑橘类、天芥菜、麝香、
香根草、木质香调

网购参考价 220 元 /50ml EDT

专柜参考价 555 元 /50ml EDT

成熟 ★★☆☆☆ 2.5　　甜美 ★★☆☆☆ 2.0
清爽 ★★★☆☆ 3.5　　休闲 ★★★☆☆ 3.0
留香 ★☆☆☆☆ 1.5

点评

2008 年起，Kenzo 推出 Eau de Fleur 系列，整体风格清雅，目前已有 5 款。

Magnolia 没有明显的三调变化，兰花柔美，柑橘清新，再配上木质的平和端庄，整体温柔清甜，有静逸之美。该香由 Francis Kurkdjian 调制，在甜味的把握上比较得体，勾画出白衣佳人笑意盈盈的曼妙形象。客观来说，水准中等，但无鲜明特色，闻之似曾相识。

花香清秀柔嫩，有春香的勃勃生机，整体温柔淡雅，也适合夏天使用。

185
2008 童

轻盈宝宝香

Hello Kitty baby Perfume
凯蒂猫宝宝香水

香型	花果香型
前调	红浆果、青榛子
中调	草莓、紫罗兰
尾调	木质香调、麝香
网购参考价	240 元 /100ml EDS

成熟： ★☆☆☆☆ 0.5　　甜美： ★☆☆☆☆ 1.0
清爽： ★★★★★ 5.0　　休闲： ★★★★⯪ 4.5
留香： ★☆☆☆☆ 1.0

点评

　　KOTO Parfums 的 Hello Kitty 系列儿童香水，最大的特色是明确地标注了适用年龄段，细化了该门类产品的使用人群。

　　Hello Kitty baby Perfume 适合 0-3 岁的小宝宝，无酒精低刺激，果甜中混合绿植的清新，柔和清淡。味道非常轻盈，留香时间短，经不住室外的风吹日晒。

186
2008 童

给孩子们的奶油蛋糕

Hello Kitty 凯蒂猫

香型	花果美食香型
前调	红苹果、青苹果
中调	茉莉花瓣、樱花、椰子
尾调	糖、香草、麝香、果仁糖
网购参考价	240 元 /100ml EDT

成熟： ★☆☆☆☆ 0.5　　甜美： ★★⯪☆☆ 2.5
清爽： ★★★⯪☆ 3.5　　休闲： ★★★★⯪ 4.5
留香： ★☆☆☆☆ 1.0

点评

　　这款香水就是一块美味的香草奶油蛋糕，还带点果仁糖的香甜。适合 3 岁以上的儿童使用。很多人认为儿童使用香水会对娇嫩的嗅觉系统产生伤害。但事实上很多婴儿用品中都含有香精香料，重点在于正确的选择与使用。首先，父母自身应避免使用浓烈香水，其次应为孩子挑选清新简约的气味。适度的芬芳应该对嗅觉的成长有所帮助而非伤害。

L

187 `2004` `女`
纷繁精妙，极品滋味

Premier Figuier Extreme
极品无花果

`香型` 木质果香型
`前调` 无花果叶
`中调` 杏仁奶
`尾调` 无花果、椰奶、檀香、果脯
`网购参考价` 1200 元 /100ml EDP

成熟：★★☆☆☆ 2.5　　甜美：★★☆☆☆ 2.5
清爽：★★☆☆☆ 2.5　　休闲：★★★☆☆ 3.0
留香：★★★★☆ 4.0

`点评`

　　如果要我去一座荒岛，只能带一瓶香水，我会毅然决然的选择——Premier Figuier Extreme。

　　如果上天能给我一个定制香水的机会，我会毫不犹豫的说：让 Olivia Giacobetti 给我调吧！令我如此欣赏这位美女调香师的原因，自然也是这款 Premier Figuier Extreme。

　　好吧这世上没有那么多"如果"，还是老老实实来说"无花果"吧。每次闻它，总会联想到一句广告语"苦苦的追求 甜甜的享受"。Premier Figuier Extreme 当然不是"XX苦咖啡"，它是苦与甜的完美结合体。椰奶的甜蜜与无花果叶的苦涩，一个饱满热情，一个清心寡欲，两种无交叉点的香味碰撞在一起，强烈的质感反差搅动起每一根嗅觉神经。其他香料的辅助搭配和远近疏密，也掌控得层次分明，仿佛铸建起一个立体的香味空间。尾调的檀香与麝香也是极具质感，悠扬绵长。

　　香味闻似结构简单，实则纷繁精妙。适合气质女性，在春秋冬三季使用。优雅独特，任何场合都有绝佳表现。

188 2005 女
不可复制的自然生机

Fleur D'Oranger 丰收系列
限量－突尼斯橙花

香型 花香型

香料 橙、橙花、橙花油、苦橙叶

网购参考价 3500 元 /100ml EDP

成熟 ★★☆☆☆ 2.0　　甜美 ★☆☆☆☆ 1.5
清爽 ★★★★☆ 4.5　　休闲 ★★★☆☆ 3.0
留香 ★★☆☆☆ 2.0

点评

　　有人说 L'Artisan Parfumeur 在 2005 年推出的 Fleur D'Oranger 是最好的橙花香水。我对橙花没有什么执著的追求，闻过的这类主题也并不算多，暂不敢妄下断言。我只知道，限量三千瓶的不可复制性，如葡萄酒般具有特定优良年份的原料质量，远无法满足阿蒂仙迷以及橙花迷的需求。为此，阿蒂仙又在 2007 年再次推出六千瓶 Fleur D'Oranger，相同的名字，不同的年份，必然造就了细节的差异。大自然的变幻莫测与不可再生性，赋予了香水别样的魅力。

　　这款 2005 Fleur D'Oranger 给我最直接的感受，是香味的清甜通透，似乎一切物质都变作透明，穿过香味就能看到新鲜水润的甜橙，几束洁白无瑕的橙花，还有葱郁的嫩叶，慵懒地散落在篮中。不需要过多的装饰，不需要复杂的理由，真实、洁白、纯净的香味就足够了。

　　清秀洁净，自然生机，适合春夏季节尽情喷洒，最好配上洁白的裙衫。

189 2004 女
一滴华美甘露
Silver Rain 银之雨

香型 东方花香型

前调 黑莓、青苹果、香柠檬、芫荽、茴香油、马鞭草花

中调 李子、砂糖、摩洛哥红玫瑰、印度茉莉、中国玉兰、

尾调 香草、红檀香、沉香、广藿香、零陵香豆

网购参考价 700 元 /50ml EDP

成熟	★★★⯪☆ 3.5	甜美	★★★⯪☆ 3.5
清爽	★⯪☆☆☆ 1.5	休闲	★★★☆☆ 3.0
留香	★★★☆☆ 3.0		

点评

作为瑞士顶级护肤品牌 La Prairie 推出的首款香水，Silver Rain 从外观到内在都努力营造奢华气质。黑莓的独特果味，在混合辛香的推动之下瞬间爆发，香甜得沁人心脾，浓郁绚烂。这种香气逐渐从强势转为柔和，黑莓悄然退场，花朵和东方香料依然延续它的华丽甜美，但质感相对较空泛了。

香甜富丽，华美端庄，但总觉得缺少点什么，也许是没有鲜明的品牌特色吧。适合成熟女性，秋冬季节使用。

190 `1992` `女`
水晶瓶中的白色花束

Lalique 同名女香

`香型` 东方花香型

`前调` 西西里柑橘、黑醋栗、黑莓、中国栀子花

`中调` 保加利亚玫瑰、突尼斯橙花、牡丹、玉兰、伊兰

`尾调` 印度檀香、南斯拉夫橡树苔、西藏麝香、龙涎香、雪松、香草

`网购参考价` 350 元 /50ml EDT

成熟：★★★½☆ 3.5　　甜美：★★★½☆ 3.5
清爽：★★☆☆☆ 1.5　　休闲：★★☆☆☆ 2.0
留香：★★★☆☆ 3.0

`点评`

　　以制作香瓶闻名香水世界的 Lalique，在为他人做了 80 余年的嫁衣之后，于 1992 年推出了第一款香水。也许是压抑得太久，它开场很抢眼，前、中调馥郁花香鲜亮夺人，白花质感尤为醒目。直至尾调木质与东方气息出现，花香才趋于轻柔。

　　整体香料质感不错，但欠缺精致细节。与时期相近的 Lancome Tresor 比较，同为 Sophia Grojsman 作品，Lalique 略显粗犷，美感不足。适合成熟女性，春、秋、冬三季。

　　Lalique 几乎每年都会为该香推出一款艺术感很强的限量香精瓶，值得收藏。

Rene Lalique —— 香瓶世界中的荣耀

　　说起现代香水瓶的设计与制造，最不能忽略的就是 Baccarat 与 Lalique。而两者间最大的差异在于，Baccarat 是承继了百年高超工艺的传奇作坊，而 Lalique 则带有品牌创始人 Rene Lalique 强烈的个人色彩。

　　从 Rene 的第一款香瓶作品开始，艺术氛围浓郁的风格就基本确立了，大胆的想象力，夸张的雕塑手法等等。可以称之为艺术品的香瓶大量面世，把他与 Lalique 公司推到了玻璃制品行业的巅峰。而他使用的各种玻璃器皿特殊成型方法，促进了香瓶工业的发展，更是香水爱好者们不应忘记的。

　　不过，现在的 Lalique 好像只保留着优秀的制造工艺，赖以成名的艺术氛围消亡殆尽。每年推出的限量香精瓶，大多复刻或借鉴往日的经典作品，若 Rene 泉下有知想来也会悲伤。

191 **1999** **女**

温馨玫瑰之吻

Le Baiser 吻

香型 花香型

前调 黑醋栗、栀子花、紫罗兰

中调 摩洛哥玫瑰、茉莉、胡椒、多香果

尾调 雪松、檀香、麝香、龙涎香

网购参考价 280 元 /50ml EDT

成熟：	★★☆☆☆ 2.5	甜美：	★★★☆☆ 3.5
清爽：	★★☆☆☆ 2.0	休闲：	★★★☆☆ 3.0
留香：	★★★☆☆ 3.0		

点评

单以香瓶而论，Le Baiser 是一款比较出色的作品，既保留了 Lalique 传统风格，又加入鲜明的时代特色。尤其是香精款，瓶身是甜蜜亲吻的浮雕造型，外缚金色荆棘，精美的水晶花束为瓶塞，造型别致寓意深刻。

前调花朵围绕黑醋栗的果味展开，混合香气甜美富丽，欢快明亮。中尾调玫瑰渐成主体，细腻丰盈。余韵中檀木与麝香气息柔甜温暖。

整体香味工整，温馨甜美，适合轻熟女在春秋季节使用，约会、逛街等休闲场所均可。

192
2005 女
沉稳、浑厚的东方香甜

Lalique Le Parfum
拉力克之香

香型 东方香型
前调 香柠檬、粉胡椒、西印度月桂叶
中调 茉莉、天芥菜
尾调 香草、檀香、广藿香、零陵香豆
网购参考价 330 元 /50ml EDP

成熟：★★★☆☆ 3.0　　甜美：★★☆☆☆ 2.5
清爽：★☆☆☆☆ 1.0　　休闲：★☆☆☆☆ 1.0
留香：★★★☆☆ 3.5

点评

　　四个字形容这款香水的外观：大巧不工。

　　开场是强烈的食用辛香，胡椒与月桂的组合非常醒目。花香有点弱不禁风，虚晃一枪匆匆退场。中、尾调是香草与广藿香的天下，奶油香甜中混着柔和药香。

　　整体风格沉稳浑厚，香料组合略显简单，细节不够丰富。适合冬季，宴会场所。

193
2007 女
蓝莓的诱惑

Amethyst 紫水晶

香型 花果香型
前调 黑醋栗、蓝莓、肉豆蔻
中调 玫瑰、百合、伊兰、牡丹、胡椒
尾调 波旁香草、麝香
网购参考价 330 元 /50ml EDP

成熟：★★☆☆☆ 2.5　　甜美：★★☆☆☆ 2.0
清爽：★★★☆☆ 3.0　　休闲：★★☆☆☆ 2.5
留香：★★☆☆☆ 2.0

点评

　　前调有些趣致，黑醋栗与蓝莓的混合浆果清新柔甜，香味独特，与香瓶色调和造型完美呼应。果味淡去后，中、尾调渐渐失去特色，香气变得有些含混空洞，散发类似玫瑰水的单薄清甜。

　　整体清新柔和，适合春夏季节，休闲、办公皆可。

194 1990 女
香醇甜美的花香大作

Tresor 珍爱

香型 东方花香型

前调 桃子、菠萝、紫丁香、香柠檬、玫瑰、铃兰、杏花

中调 玫瑰、茉莉、鸢尾、天芥菜

尾调 杏、桃子、香草、麝香、檀香、龙涎香

网购参考价 350 元 /50ml EDP

专柜参考价 795 元 /50ml EDP

成熟：	★★★☆☆	3.0
甜美：	★★★☆☆	3.5
清爽：	★☆☆☆☆	1.5
休闲：	★★★☆☆	3.0
留香：	★★★★☆	4.0

点评

Tresor 是著名调香师 Sophia Grojsman 的大作，也是 Lancome 旗下第一款非创始人亲自调配的香水，但这款香水的实际销量与市场影响力却达到了该品牌前所未有的高度。

Tresor 花朵与东方气息香甜醇厚，有着极佳的质感和簇拥感。秋冬季节在沐浴后使用，让身体被甜入心扉的气息包裹，幸福温馨。

它香醇而不妖艳，甜美而不粉腻，富有亲和力又气场十足，留香持久，搭配晚装出席宴会场所也非常适合。整体风格稳重端庄，适合 25 岁以上女性。

195 1994 女
芳草青青，绿意盎然

O de Lancome 绿逸

香型 柑橘花香型
前调 柠檬、橘子、香柠檬、忍冬
中调 茉莉、迷迭香、芫荽、罗勒
尾调 檀香、橡树苔、香根草
网购参考价 260 元 /50ml EDT

成熟：★★★☆☆ 3.0　　甜美：★☆☆☆☆ 1.0
清爽：★★☆☆☆ 2.0　　休闲：★★☆☆☆ 2.5
留香：★★☆☆☆ 2.0

点评

　　O de Lancome 的香味与香瓶一样，充满绿色生机。前调爆发强烈的柠檬与枝叶香气，青涩微酸，沁凉醒目。柑橘果皮的小刺激褪去后，中调一派芳草摇曳的景象，气息柔和静逸，伴随一丝轻浅药香。尾调依然延续着淡淡绿植青气，不时传来阵阵檀木幽香。

　　整体绿意盎然，简洁明快，带着些许中性气质。适合干练女性，在春夏季节使用。

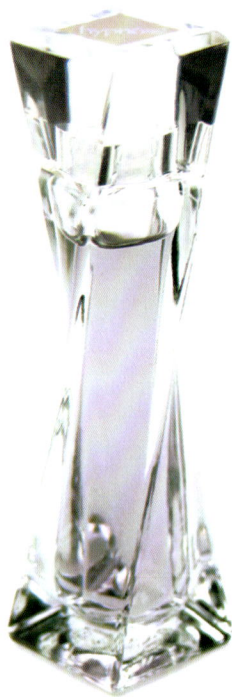

196 2005 女
柔和别致，香甜魅惑

Hypnose 梦魅（催眠）

香型 木质东方香型

香料 茉莉、西番莲花、香草、香根草

网购参考价 350 元 /50ml EDP

专柜参考价 795 元 /50ml EDP

成熟：★★☆☆☆ 2.5　　甜美：★★☆☆☆ 2.5
清爽：★★☆☆☆ 2.0　　休闲：★★☆☆☆ 2.0
留香：★★★☆☆ 3.0

点评

　　Hypnose 的香料组合比较有趣。以美味的香草为主线，开场时奶油香甜中带着甘草的药料气息，片刻之后药香又变作类似孜然的淡淡辛味。随着时间的推移，甜度趋于平和，绿植的新鲜青香慢慢加入，共谱柔和别致的中、尾调。

　　整体有一定特点，美食香甜适度。春、秋两季适用。

197

2006 女

柔美恬静的温情玫瑰

La Collection Mille & Une Roses

一千零一朵玫瑰

香型 东方花香型

香料 玫瑰、香草、麝香、龙涎香

网购参考价 500 元 /50ml EDP

成熟：★★☆☆☆ 2.5   甜美：★★☆☆☆ 2.0
清爽：★★★☆☆ 3.0   休闲：★★★★☆ 3.5
留香：★★☆☆☆ 2.5

点评

为庆祝 Lancome 诞生 70 周年而推出的"La Collection"系列，再现了部分已停产的经典老香，这种怀旧而别致的手法，自然吸引了众多香迷的目光。

以玫瑰为主题的香水很多，有传统，有另类。Mille & Une Roses 是写实派，玫瑰香气温情素雅，带着花瓣的柔软质感。淡淡的香甜味，有点类似花蜜的美食气息。麝香与树脂香料轻柔平和。

花香柔美恬静，有愉悦感，但整体细节略少，久闻恐有些单调。适合优雅女子，春夏季节使用。

198 2008 女
柔和飘逸的知性花香

Magnifique 璀璨

香型 木质花香型

前调 藏红花

中调 保加利亚玫瑰、五月玫瑰、茉莉、金合欢

尾调 檀香、香根草、印度莎草

网购参考价 350 元 /50ml EDP

专柜参考价 795 元 /50ml EDP

成熟: ★★☆☆☆ 2.5   甜美: ★★☆☆☆ 2.0
清爽: ★★★☆☆ 3.0   休闲: ★★★☆☆ 3.0
留香: ★★★☆☆ 3.5

点评

Olivier Cresp 和 Jacques Cavallier 两位名鼻倾力打造，Anne Hathaway 深情代言，还有那铺天盖地的广告攻势，Magnifique 绝对是 Lancome 力推的大作。

前、中调清甜细腻，混合花香柔和飘逸，藏红花散发出淡淡的，类似新鲜烟草叶的药料香气。尾调木质与香根草温婉淡甜。

整体优雅柔美，具有现代女子的知性气质。春、夏、秋三季使用，场合较宽泛。

MAGIE
LANCÔME
PARIS

29 RUE DU FAUBOURG ST HONORÉ

CLIMAT
LANCÔME

LANCÔME

199 ¹⁹²⁷ 女 优雅韵味，回忆辉煌

Arpege 琶音

香型 醛香花香型

前调 醛、桃子、香柠檬、橙花油、铃兰、忍冬

中调 玫瑰、茉莉、铃兰、鸢尾、伊兰、百合、山茶花、天竺葵、芫荽

尾调 檀香、麝香、安息香、香根草、广藿香、香草、龙涎香

网购参考价 270 元 /50ml EDP

成熟	★★★⯪☆	3.5
甜美	★★☆☆☆	2.0
清爽	★⯪☆☆☆	1.5
休闲	★⯪☆☆☆	1.5
留香	★★⯪☆☆	2.5

点评

我要将 Arpege、N°5、Joy 放在一起相提并论。因为它们诞生年代接近，都被称作世界最好的香水之一。还有个重要的共同点：都是醛香花香类型，带着鲜明的时代特色。

Arpege 是 Lanvin 为纪念女儿三十周岁而设计推出的，自然拥有成熟女性的优雅韵味。与其他醛香花香区别在于，它的醛味有点尖锐；柑橘与白花香气比较突出，铃兰与茉莉尤甚；中尾调始终贯穿香草的醇厚甜美。

1993 年 Arpege 被重新推出，暂不考虑新版是否完全忠于原著，至少它还幸运的流传下来，让我们能借此回味 Lanvin 曾经的辉煌。

200

温馨亲切，畅销佳作

Eclat d'Arpege 光韵

香型 花果香型

前调 西西里柠檬叶、绿色紫丁香

中调 绿茶叶、紫藤、桃花、紫丁香、红牡丹、中国桂花

尾调 黎巴嫩白雪松、麝香、龙涎香

网购参考价 220 元 /50ml EDP

专柜参考价 588 元 /50ml EDP

成熟 ★★☆☆☆ 2.0
甜美 ★★☆☆☆ 2.0
清爽 ★★★☆☆ 3.5
休闲 ★★★☆☆ 3.5
留香 ★☆☆☆☆ 1.5

点评

虽然名字上沾亲带故，Eclat d'Arpege 的香味却与经典的 Arpege 没有任何关系。它走的是时下流行的清新花果路线，为此，有人惊喜有人失望。

其实，跟风流行容易，雅俗共赏才难。Eclat d'Arpege 做到了，它绝对称得上是 Lanvin 近年的畅销佳作。花朵与绿叶的组合，清甜鲜嫩，充满春的生机。花香洁净细腻，没有一丝矫揉造作，自然而生温馨愉悦感。

整体优雅大方，亲和力佳，辨识度较高。适用年龄与场合宽泛，季节春夏。出门前不知道喷什么香，Eclat d'Arpege 绝对是不出错的选择。

201

2006 女

老香再造的流行味道

Rumeur 谣言

香型 木质花香型

前调 玉兰

中调 李子、白玫瑰、茉莉、橙花、铃兰、三叶胶

尾调 麝香、龙涎香、广藿香

网购参考价 200 元 /50ml EDP

成熟：★★☆☆☆ 2.5　　甜美：★★☆☆☆ 2.5
清爽：★★☆☆☆ 2.0　　休闲：★★☆☆☆ 2.5
留香：★★☆☆☆ 2.0

点评

　　Lanvin 的第一款 Rumeur 诞生于 1934 年，今天要说的 Rumeur 却是一个全新的产品。借用经典老香之名是个不错的噱头，最终能不能大获全胜，还得看本身的实力。

　　开场是甜美明快的混合花香。随着时间的推移，甜度慢慢减弱，橙花与铃兰的特质越来越清晰，带着绿植的鲜翠清香。尾调偏重广藿香的气息。

　　整体花香甜美，明亮大方，但细节普通。适合年轻职场女性，秋冬季节使用。

202 2007 女
年轻活泼，甜美花果

Rumeur 2 Rose 玫瑰谣言

香型 花果香型

前调 橙、梨子、葡萄柚、香柠檬、绿植香调、柠檬、

中调 玫瑰、茉莉、铃兰、忍冬、玉兰

尾调 麝香、龙涎香、广藿香

网购参考价 200 元 /50ml EDP

成熟：★★☆☆☆ 2.0　　甜美：★★☆☆☆ 2.5
清爽：★★☆☆☆ 2.5　　休闲：★★★☆☆ 3.5
留香：★★☆☆☆ 2.5

点评

与 Rumeur 相比，Rumeur 2 Rose 更加年轻活泼。前调柑橘与梨的果味比较醒目，清甜鲜嫩，带着点类似茶叶的绿植芳香。中调花香慢慢加入，一时间倒有点像 Eclat d'Arpege，不同的是果实的酸味偏重。尾调散发香草的轻柔奶甜。

整体柔和清新，适合年轻女性春、夏、秋三季使用，工作休闲皆宜。

203 `2005` `女`
自然清秀，绿植花香
A Mi Aire 心情怡然

`香型` 花果香型
`前调` 柑橘、香柠檬
`中调` 玫瑰、茉莉
`尾调` 雪松、日本桧木、麝香
`网购参考价` 280 元 /50ml EDT

成熟：★★☆☆☆ 2.5　　甜美：★★☆☆☆ 2.0
清爽：★★☆☆☆ 2.5　　休闲：★★★☆☆ 3.0
留香：★★☆☆☆ 2.5

`点评`

　　来自西班牙的皮具品牌 Loewe，旗下的香水产品大都遵循一种精致而内敛的品牌风格。

　　前调柑橘果香清凉醒目，带着鲜嫩绿植的气息。中调玫瑰与茉莉原本寻常的组合，却散发出揉捏新鲜花朵的效果，既有花蕊的甜美，又带着花瓣的汁液青气。木质尾调也是少有的轻快明亮。

　　整体花与绿植香气自然清秀，适合年轻知性女子，春夏季节使用，工作、休闲皆可。

204

清新柔甜的流行香

I Loewe You 甜心飞吻

香型 木质花香型

前调 香柠檬、葡萄柚、雪松

中调 保加利亚玫瑰、茉莉、牡丹

尾调 波旁香草、白麝香、木质香调

网购参考价 280 元 /50ml EDT

成熟:	★★☆☆☆ 2.5	甜美:	★★☆☆☆ 2.0
清爽:	★★☆☆☆ 2.5	休闲:	★★★☆☆ 3.0
留香:	★★☆☆☆ 2.0		

点评

　　粉嫩的色调，娇俏的少女广告，不难看出 I Loewe You 比 Loewe 以往的香水产品有更加年轻化的定位。前调是轻柔的柠檬果酸味；中调花香质感比较模糊，散发淡淡的香甜，平稳有余，但显得活力不足；尾调木质与麝香的表现也很普通。

　　整体清新柔甜，中规中矩缺少些特色。适合春、夏、秋三季。

205 1997 女 甜美娇艳，人气大作

Lolita Lempicka
初（魔幻苹果）

香型 东方花香型

前调 柠檬、菠萝、紫罗兰、常青藤、八角茴香、桃花芯木

中调 甘草、茉莉、铃兰、鸢尾、孤挺花、香根草

尾调 杏仁、香草、烟草、白麝香、天芥菜、香根草、果仁糖、零陵香豆

网购参考价 300 元 /50ml EDP

专柜参考价 690 元 /50ml EDP

成熟	★★☆☆☆ 2.5		甜美	★★★☆☆ 3.5
清爽	★☆☆☆☆ 1.5		休闲	★★★☆☆ 3.5
留香	★★★★☆ 4.0			

点评

Lolita Lempicka 与 Angel 是 20 世纪 90 年代非常重要的两款女香。它们的成功不仅体现在极佳的人气与销量上，其绚丽的造型、优秀的品质、独特而前瞻的香味，都堪称商业香水的典范。Lolita 有很多精彩之处，例如贯穿始终的甘草药香、美食微苦的杏仁、温暖回甜的八角……香料纷繁复杂却排组得精致有序，香甜多姿，细节丰富。

将流行的花果甜美做得如此细腻独到，拿奖拿到手软也是水到渠成。只可惜 Lolita 庞大的后续产品大多是新瓶装旧酒，除了在漂亮的外观上大下工夫，香味却无更多表现。

年轻时尚，甜美娇艳，独具个性。适合春、秋、冬三季，休闲、约会、娱乐皆可。

206 2000 男

个性十足，独具魅力

Au Masculin 男性

香型 木质东方香型

前调 甘草、茴香、罗勒、常青藤、紫罗兰

中调 檀香、零陵香豆、朗姆酒

尾调 香草、雪松、香根草、果仁糖

网购参考价 280 元 /50ml EDT

成熟： ★★☆☆☆ 2.5	甜美： ★☆☆☆☆ 1.0	
清爽： ★★☆☆☆ 2.5	休闲： ★★★☆☆ 3.0	
留香： ★★★☆☆ 3.0		

点评

Au Masculin 与 Lolita 都 由 调 香 师 Annick Menardo 打造，所以香味的整体风格比较一致，细节之处各有千秋。

Au Masculin 以木质与辛香为主体，气息浑厚绵长，浅甜微苦。绿植草香更加丰盛一些，多几分清新宁静。甘草的独特药香依然在三调中穿插游走，与 Lolita 交相呼应。

不论造型还是香味都个性十足，独具魅力。适合春、秋两季。

207 **2008** **女**
纯净明快的清新花香

Fleur de Corail 珊瑚花

香型	东方花香型
前调	香柠檬、葡萄柚
中调	兰花、素馨花
尾调	麝香、龙涎香
网购参考价	300 元 /50ml EDP
专柜参考价	690 元 /50ml EDP

成熟 ★★☆☆☆ 2.5 甜美 ★☆☆☆☆ 1.0
清爽 ★★☆☆☆ 2.0 休闲 ★★★☆☆ 3.0
留香 ★★☆☆☆ 2.5

点评

Fleur de Corail 一改 Lolita 香甜浓郁的风格，走起了清新花香路线。兰花与素馨的香气纯净明快，带着青青绿植气息。小时候常见一种或紫红或淡黄的小喇叭花，摘下一朵拔掉花蕊便能在口中吹出滴滴声响，而手中残留青翠淡甜、茂而不浓的花香，就似这Fleur de Corail。

整体清新自然，简洁明快，但缺少点精致细节，春秋季节适用。

208

鲜嫩酸甜版的 Lolita

Fleur Defendue 花戒

香型 花果香型

前调 野草莓叶、金合欢

中调 牡丹、紫罗兰

尾调 酸樱桃、杏仁、麝香

网购参考价 260 元 /50ml EDP

专柜参考价 690 元 /50ml EDP

成熟：★★☆☆☆ 2.0　　甜美：★★★☆☆ 3.0
清爽：★★☆☆☆ 2.0　　休闲：★★★☆☆ 3.5
留香：★★☆☆☆ 2.0

点评

　　Fleur Defendue 第一印象挺像 Lolita，它们都出自同一调香师之手，香味类似也不足为奇。仔细再闻，Fleur Defendue 简化了 Lolita 部分复杂组合，浓度有所减淡，杏仁与甘草的特质仍然适当保留，再多了一些绿植青香与果实的酸味，整体更加活力清甜。

　　概括来说，它是一个鲜嫩酸甜版的 Lolita，春、秋、冬三季适用。

209

温柔的小叛逆

Si Lolita 诗

香型 辛香花香型

前调 柑橘、香柠檬

中调 粉胡椒、甜豌豆、榄香树脂

尾调 香根草、龙涎香、零陵香豆

网购参考价 280 元 /50ml EDP

专柜参考价 710 元 /50ml EDP

成熟：★★★☆☆ 3.0　　甜美：★★☆☆☆ 2.0
清爽：★★☆☆☆ 2.0　　休闲：★★☆☆☆ 2.0
留香：★★☆☆☆ 2.5

点评

　　开场有点出人意料，柑橘与胡椒组成一个略带辛辣的前调，这实在与它柔柔弱弱的花瓣造型，以及 Lolita 一贯风格对不上号。胡椒辛香小小的放肆了一番，甜味终于慢慢透露出来，中尾调逐渐展现女性气息，柔美平和，余韵的香甜味有点像西梅果脯。花香不太突出，整体甜而不娇，春秋季节适用。

210 2003 女
绿植清新，花朵柔美

Lulu Guinness 同名香水

香型 绿植花香型

香料 克莱门氏小柑橘、茉莉、铃兰、风铃草、甜豌豆、百合、水仙、孤挺花、苹果花、醋栗叶芽

网购参考价 210 元 /50ml EDP

成熟：★★☆☆☆ 2.5　甜美：★★☆☆☆ 2.0
清爽：★★☆☆☆ 2.5　休闲：★★★☆☆ 3.0
留香：★★☆☆☆ 2.5

点评

有"英国时尚手袋女王"之称的 Lulu Guinness，2003 年开始涉足香水业，推出的第一款香水，外形与香味无不遵循优雅复古的品牌风格。Lulu Guinness 似乎是一款线性香水，始终保持着茂盛鲜绿的植物气息与清新明亮的白色花香。柔软粉甜的香味，与 Glow 有点相似，似乎在刻意模仿肥皂水的洁净之感。整体绿植清新，花朵柔美，适合年轻女子在春秋季使用。

211 2005 女
甜美怡人，时尚俏皮

Cast A Spell 魔咒

香型 木质东方香型

香料 红醋栗、百合、龙涎香、广藿香、薰衣草、无花果叶、蓝莓、黑莓

网购参考价 210 元 /50ml EDP

成熟：★★☆☆☆ 2.0　甜美：★★★☆☆ 3.0
清爽：★★☆☆☆ 2.0　休闲：★★★☆☆ 3.5
留香：★★★☆☆ 3.0

点评

Cast A Spell 乍一闻有点像 Lolita，仔细一品，其实有很大区别。两者共同之处都是香甜十足，带着美食的质感与淡淡东方药香。而 Cast A Spell 的蓝莓和醋栗果香非常突出，酸与甜味并重。整体甜美怡人，时尚俏皮，适合年轻女性，春、秋、冬三季，约会逛街、休闲娱乐皆可。

M

212 2001 女
绽放中的白色花朵

Marc Jacobs 同名女香

香型 绿植花香型
前调 香柠檬、茉莉、栀子花、晚香玉
中调 白色康乃馨
尾调 雪松、姜
网购参考价 280 元 /50ml EDP

成熟 ★★☆☆☆ 2.5　　甜美 ★★☆☆☆ 2.5
清爽 ★★★☆☆ 3.0　　休闲 ★★★☆☆ 3.5
留香 ★★☆☆☆ 2.0

点评

　　2001 年，Marc Jacobs 首次触电香水界推出同名女香，外观虽难以摆脱美式的粗犷大条，但香味还是比较精细考究的。

　　开场香甜柔软，栀子和晚香玉次第绽放，白花质感鲜嫩明快。康乃馨的加入，增加了更多清新自然的植物汁液香气。整体花香优美，适合春秋季节，夏天也可少量喷洒。

　　注：本文评述为 Parfum 香精版本。

213 2009 女
外形精巧，甜美奔放

Lola 罗兰

香型 花果香型
前调 冬梨、红葡萄柚、粉胡椒
中调 玫瑰、牡丹、天竺葵
尾调 香草、麝香、零陵香豆
网购参考价 380 元 /50ml EDP
专柜参考价 740 元 /50ml EDP

成熟 ★★☆☆☆ 2.5　　甜美 ★★★☆☆ 3.5
清爽 ★★☆☆☆ 2.0　　休闲 ★★★☆☆ 3.0
留香 ★★★☆☆ 3.0

点评

　　水果与胡椒组合出香甜辛辣的前调，玫瑰花接踵而至，香草也早早登场，中、尾调演变成无休止无内涵的甜腻奔放，似乎也没有更多变化可言了。外形讨巧，香味通俗，适合喜爱甜美的年轻女性作为入门选择。季节秋冬。

214 | 1924 | 女
浓墨重彩的质朴花香

Habanita 哈巴涅拉舞

香型 东方香型

前调 桃、香柠檬、覆盆子、橙花

中调 茉莉、伊兰、紫丁香、鸢尾根、天芥菜、玫瑰

尾调 香草、雪松、皮革、龙涎香、安息香、麝香、橡树苔

网购参考价 320 元 /100ml EDT

成熟：★★★☆☆ 3.5　　甜美：★★★☆☆ 3.0
清爽：★☆☆☆☆ 1.5　　休闲：★★☆☆☆ 2.0
留香：★★★☆☆ 3.5

点评

　　Molinard 是拥有悠久历史与非凡名望的法国香水品牌，其众多经典作品中，最著名的当属 Habanita。

　　它一开场便展现出醇厚丰富的质感，混合果香圆润饱满，带着类似话梅的咸甜美味。中、尾调更增添花朵与东方香的富丽多姿，香气如浓墨重彩，华丽中充满质朴，馥郁明亮气场开阔。

　　整体优雅大气，细腻丰腴。适合成熟女性，秋冬季节，得体的宴会用香，休闲和工作中也可少量喷洒。

EAU DE TOILETTE

habanita

DE

MOLINARD

215 〔1979〕〔女〕
花香明快，温馨优雅

Molinard de Molinard
莫里纳

香型 花果香型
前调 黑醋栗、柑橘类、果香调、绿植香调、阿魏
中调 保加利亚玫瑰、茉莉、铃兰、伊兰、水仙
尾调 乳香、麝香、香根草、劳丹脂、龙涎香
网购参考价 360 元 /100ml EDT

成熟：★★★☆☆ 3.0　　甜美：★★☆☆☆ 2.5
清爽：★★☆☆☆ 2.0　　休闲：★★☆☆☆ 2.5
留香：★★★☆☆ 3.0

点评

　　作为 20 世纪 70 年代出品的香水，Molinard de Molinard 清新明亮，倒有些现代色彩。整体依然传承 Molinard 精美大气的风格，前调果味轻快活泼，中调白色花香鲜活醒目，质感柔和洁净（某一瞬间有点像白色舒肤佳的香味）。

　　整体花香明快，温馨优雅。适合轻熟女在春、秋、冬三季使用。

216 2006 女
甜美馥郁，质感悦动

Femme de Montblanc
璀璨晶钻

香型 东方花香型

前调 香柠檬、小豆蔻、肉桂、菠萝

中调 土耳其玫瑰、茉莉、橙花、天芥菜

尾调 桃、覆盆子、巧克力、香根草、广藿香、麝香、龙涎香

网购参考价 260 元 /50ml EDP

成熟：★★★☆☆ 3.0　　甜美：★★★⯪☆ 3.5
清爽：★★☆☆☆ 2.0　　休闲：★★⯪☆☆ 2.5
留香：★★★☆☆ 3.0

点评

前调柑橘与香辛料碰撞出带着微微炙热的咸甜味。中调混合花香浑厚温暖，玫瑰的甜美特质略明显一些。尾调巧克力与广藿香营造出甘甜十足，近乎美食的东方气息，覆盆子的果酸味增加几分悦动质感。

整体甜美馥郁，适合轻熟女在秋冬季使用。

217 2004 女 酸酸甜甜少女香

Love de Toi 恋爱物语

香型 花果香型

前调 橙、柑橘、青苹果、覆盆子、粉胡椒

中调 红苹果、玫瑰、茉莉、铃兰、佳雷花、栀子花

尾调 樱桃、檀香、麝香

网购参考价 180 元 /60ml EDT

成熟：	★★☆☆☆ 2.0	甜美：	★★★☆☆ 3.5
清爽：	★★☆☆☆ 2.0	休闲：	★★★★☆ 4.0
留香：	★★☆☆☆ 2.0		

点评

　　Morgan 出品的女香都是有趣的小蛮腰造型，不仅在视觉上有统一的外观风格，香味也大多走时尚讨巧的年轻路线。

　　Love de Toi 三调变化不大，整体以果味为主，苹果和覆盆子的气息比较突出，而花香并不明显。酸酸甜甜，俏皮可爱，自然是少女们追逐的目标。适合春秋冬季节。

218 2006 女 悠扬明亮，甜美活力

Sweet Paradise 甜蜜天堂

香型 花果香型

前调 荔枝、黑醋栗、粉胡椒

中调 木槿、蝴蝶兰、仙客来

尾调 檀香、麝香、素馨花

网购参考价 180 元 /60ml EDT

成熟：	★★☆☆☆ 2.0	甜美：	★★★☆☆ 3.5
清爽：	★★★☆☆ 3.5	休闲：	★★★☆☆ 3.5
留香：	★★☆☆☆ 2.0		

点评

　　名为甜蜜天堂，开场却很柔和淡雅，有点荔枝水水嫩嫩的鲜美清甜。中调花朵慢慢发力，馥郁的香甜味渐起，一发不可收拾。也许是蝴蝶兰吧，带来一种悠扬明亮的独特气息，令整体花香有些与众不同的感觉。

　　整体香醇甜美，青春活力。适合年轻女性，春秋冬三季使用。

219 2004 女
轻松愉悦的休闲女香

Cheap & Chic I Love Love
爱恋爱

香型 花果香型
前调 橙、柠檬、葡萄柚、红醋栗
中调 茶玫瑰、铃兰、芦苇、胡椒、肉桂叶
尾调 雪松、麝香
网购参考价 180 元 /50ml EDT
专柜参考价 406 元 /50ml EDT

成熟： ★☆☆☆☆ 1.5　　甜美： ★★☆☆☆ 2.5
清爽： ★★★☆☆ 3.0　　休闲： ★★★★☆ 4.0
留香： ★★☆☆☆ 2.0

点评

　　1995 年 Moschino 推出 Cheap & Chic 女香，酷似大力水手女朋友奥莉薇的俏皮造型深得人心。此后沿此创意陆续推出多款香水，将幽默诙谐的 Cheap & Chic 系列风格进行到底。

　　I Love Love 是该系列中最受欢迎的一款。花果香气清新透亮，酸甜可口，有点像 AnnaSui 的 Secret Wish，芦苇等绿植气息更添自然鲜嫩。

　　整体青春活泼，酸甜拿捏适度，是一款轻松愉悦的休闲用香。适合春夏季节。

220

平和清新的花果茶

Funny! 爱情趣

香型 花果香型
前调 橙、红醋栗、粉胡椒
中调 绿茶、茉莉、牡丹、紫罗兰
尾调 雪松、麝香、龙涎香
网购参考价 200 元 /50ml EDT
专柜参考价 417 元 /50ml EDT

成熟：★★☆☆☆ 2.5　　甜美：★★☆☆☆ 2.0
清爽：★★☆☆☆ 2.5　　休闲：★★☆☆☆ 2.5
留香：★★☆☆☆ 2.0

点评

　　开场是橙子果肉与绿植清香，有点像雅顿的绿茶，但果实的酸味更重些。中调花朵的特质慢慢显露，气息柔和微甜，整体仍然带着茶香。尾调比较平淡无奇，一种似曾相识的香味。整体平和清新，适合年轻女性在春夏使用。

221

2008 女

香甜馥郁，柔和花香

Glamour 魅惑

香型 木质花香型
前调 橘子花、艾草、海盐
中调 木槿、莲花、卡特利亚兰花
尾调 雪松、白麝香、龙涎香
网购参考价 170 元 /30ml EDP
专柜参考价 279 元 /30ml EDP

成熟：★★☆☆☆ 2.5　　甜美：★★★☆☆ 3.0
清爽：★★☆☆☆ 2.0　　休闲：★★★☆☆ 3.0
留香：★★★☆☆ 3.0

点评

　　又是一种似曾相识的感觉，仔细琢磨，找到点 Dior Dune 的影子，炙热辛辣，甜中带着微咸。不过相比 Dune 的犀利独特，Glamour 明显走的是中庸之道。中调逐渐回归柔和甜美的花香，还有些如薄荷叶般清凉醒目的绿植气息。

　　整体香甜馥郁，适合春、秋两季使用。

222 2009 女
轻柔花香，甜美适中

Cheap & Chic Light Clouds
流云

香型 木质花香型
前调 桃、仙客来
中调 玫瑰、茉莉
尾调 香葵、雪松、麝香
网购参考价 200 元 /50ml EDT

成熟：★★⯨☆☆ 2.5　　甜美：★★☆☆☆ 2.0
清爽：★★★☆☆ 3.0　　休闲：★★★☆☆ 3.0
留香：★★☆☆☆ 2.0

点评

Cheap & Chic 系列的香水，大规格是身材高挑的"奥莉薇"，小瓶则变成圆乎乎的造型，令人爱不释手。

Light Clouds 是系列中最新的一款。前中调带着奶油般的甜美气息，还有点脆桃似的清香。中调变化不大，多了些轻柔宁静的花香。尾调是平淡的木质轻甜。

整体中规中矩，缺少精美质感与特色。春秋季节适用。

N

223 2004 女
美味诱人的水果糖

Nanette Lepore 同名女香

香型 花果香型

前调 桃、蔓越莓、玫瑰

中调 橙、青柠、黑醋栗、茉莉

尾调 紫罗兰、印度檀香、龙涎香

网购参考价 240 元 /30ml EDP

成熟	★★☆☆☆ 1.5	甜美	★★★★☆ 3.5
清爽	★★☆☆☆ 2.0	休闲	★★★★☆ 4.0
留香	★★★☆☆ 3.0		

点评

　　作为该品牌的第一款香水，Nanette Lepore 同名女香，粉嫩俏皮的造型不仅成功秒杀少女，细腻甜美的香味也有比较出色的表现。

　　开场果香馥郁，带着少许绿植青鲜。中调散发黑醋栗与花朵蜜甜，很像小时候常见的水果硬糖的气息。尾调变化不大，香甜依旧。

　　整体美味诱人，甜美俏丽，有一定细节。适合春、秋、冬三季。

224 2005 女

清秀绿植，细腻花香

Shanghai Butterfly 上海蝴蝶

香型 东方花香型

前调 柑橘、柠檬、青苹果、康乃馨

中调 玫瑰、茉莉、铃兰、栀子花

尾调 雪松、檀香、木质香调、西伯利亚麝香

网购参考价 240 元 /30ml EDP

成熟：★★☆☆☆ 2.0　　甜美：★☆☆☆☆ 1.5
清爽：★★★☆☆ 3.5　　休闲：★★★☆☆ 3.0
留香：★★☆☆☆ 2.0

点评

　　"上海蝴蝶"名字很中式，香味却并不算标准意义的东方风情。前调柑橘与青苹果散发清新脆嫩的酸甜果香。中尾调以木质气息为主，花朵质感轻柔细腻，甜得低调；类似松针的绿植清香和微微辛辣展现别致的自然美感。

　　整体质感优雅，韵味清新。适合春夏季节。

225 1948 女
传奇的味道

L'Air du Temps
比翼双飞（光阴的味道）

香型 花香型

前调 桃、香柠檬、橙花油、玫瑰、康乃馨、红木

中调 玫瑰、茉莉、兰花、伊兰、栀子花、紫罗兰、迷迭香、康乃馨、丁香、鸢尾根

尾调 鸢尾、雪松、檀香、麝香、香辛料、龙涎香、安息香、香根草、橡树苔

网购参考价 190 元 /30ml EDT

专柜参考价 343 元 /30ml EDT

成熟	★★★☆☆ 3.5	甜美	★☆☆☆☆ 1.0
清爽	★★☆☆☆ 2.5	休闲	★★☆☆☆ 2.5
留香	★★★☆☆ 3.0		

点评

Nina Ricci 的经典巨作，被誉为"世界最好的五款香水"之一，曾号称全球每秒钟都有售出，面世 60 余年依然畅销不衰。水晶制品大师拉力克亲自设计了多款香瓶，目前最常见的造型被称之为"双鸽瓶"。

L'Air du Temps 是香水史上的一个传奇，通透轻盈的花香，气息平和典雅，充满女性的温柔与包容。也许是它太过成功，很多产品争相效仿借鉴。时至今日，我们仍可以在一些日化产品上找到类似的影子，如果使用者想通过这款香水展现独特个性，反而是很难了。

226 1987 女
献给母亲的花香

Nina 莲娜

香型 醛香花香型

前调 醛、桃、柠檬、香柠檬、橙花、金合欢、金盏花、罗勒、醋栗叶芽、绿植香调

中调 玫瑰、伊兰、紫罗兰、金合欢、鸢尾根、茉莉、西印度月桂叶

尾调 黑醋栗糖浆、香根草、广藿香、橡树苔、檀香、鸢尾、麝香、麝猫香

网购参考价 280 元 /50ml EDT

成熟	★★★☆☆ 3.0	甜美	★★☆☆☆ 1.5
清爽	★★☆☆☆ 2.0	休闲	★★☆☆☆ 2.5
留香	★★☆☆☆ 2.5		

点评

不同于 Lanvin 女士送给女儿的香水 Arpege，Nina 是 Robert Ricci 献给母亲的。其实香水界的背景故事很多，但这种亲情的表达，总能赋予香水更多的亲和力与感染力。

Nina 挺像 Chanel N°5。醛和茉莉等组合更轻更柔，仿佛是温馨淡雅版的 N°5。中调时加入一种类似孜然的辛香料气息，仔细闻有些炙热刺激，幸而它躲在花香背后，整体还是和谐共生的。

醛香平易近人，花香柔和静逸，质感细腻丰富。适合轻熟女，在春秋季节使用，场合较宽泛。

227 2006 女
时尚甜美的女生心头好

Nina 2006 苹果甜心

香型 花果香型
前调 柠檬
中调 牡丹、苹果、果仁糖、云杉树脂
尾调 苹果树、白雪松、麝香
网购参考价 220 元 /50ml EDT
专柜参考价 595 元 /50ml EDT

成熟：★★☆☆☆ 2.0
甜美：★★★⯨☆ 3.5
清爽：★★☆☆☆ 2.0
休闲：★★★☆☆ 3.0
留香：★★☆☆☆ 2.0

点评

"新瓶装旧酒"的路子走多了，Nina Ricci 又开始玩"翻唱"。这款 2006 年推出的香水，借着老香的名号，呈现的却是甜美时尚的风格。

两位流行大师 Olivier Cresp、Jacques Cavallier 倾力打造的 Nina，花果香甜美味，柔和细致，但也犯了流行的通病：香味雷同，辨识度低。过于追求横向的市场宽度，往往忽视了纵向的内涵价值。

外形讨巧，香味甜美，不错的女生入门香，适合春、秋、冬季，休闲、娱乐、约会均可适用。

228 2009 女

流行产物，美食香甜

Love by Nina

浪漫甜心

香型 花香型

香料 澳洲青苹果、樱花、杏仁、素馨花

网购参考价 240 元 /50ml EDT

专柜参考价 550 元 /50ml EDT

成熟：	★★☆☆☆ 2.0	甜美：	★★☆☆☆ 2.5
清爽：	★★☆☆☆ 2.5	休闲：	★★★☆☆ 3.0
留香：	★★☆☆☆ 2.0		

点评

　　新 Nina 无论造型还是香味，都稳稳地抓住时尚脉搏。接下来自然是趁热打铁，四年间连推 6 款后续，似乎要与同为"苹果"的 DKNY 一争高下。

　　Love by Nina 前调是柑橘与苹果清新鲜嫩的果酸味，中尾调侧重于美食般的混合香甜。整体风格与 nina 一致，适合春、夏、秋三季。

229 2006 女

酸甜花果，俏皮可爱

Miss Gaty Cat-Pearl Pink
爱猫物语系列 - 珍珠粉

香型 花香型

前调 石榴、葡萄柚

中调 玉兰、牡丹、莲花

尾调 雪松、麝香、龙涎香

网购参考价 240 元 /50ml EDP

成熟 ★★☆☆☆ 1.5　　甜美 ★★★☆☆ 3.0
清爽 ★★★☆☆ 3.5　　休闲 ★★★★☆ 4.0
留香 ★★☆☆☆ 2.5

点评

　　独特的小猫造型，精致的茶花饰品，闪耀的钻饰，以及时下流行的清新花果香气，Miss Caty Cat 系列香水无不迎合时尚少女们的审美与喜好。

　　清甜的花香，微酸的果味，在春夏秋三季使用，能给女孩子们增加一些俏皮可爱的气质。但与众多的同类型少女香进行对比，缺少更鲜明的个性。

O

Olivier Strelli 奥利维尔·斯泰利

Oscar de la Renta 奥斯卡·德·拉·伦塔

230 花开蝶舞觅春香

The World Is Wonderful
精彩世界

香型 木质花香型

前调 青苹果、柠檬、薄荷

中调 桃、山茶花、茉莉

尾调 甘蔗、麝香、雪松

网购参考价 240 元 /30ml EDP

成熟：★★☆☆☆ 2.0	甜美：★★⯪☆☆ 2.5
清爽：★★★⯪☆ 3.5	休闲：★★★⯪☆ 3.5
留香：★★☆☆☆ 2.0	

点评

目前，Olivier Strelli 旗下只有两款香水，而这款 2007 年推出的 The World Is Wonderful，却出乎意料地给我留下了不错的印象，值得继续关注。

写实的青苹果清新酸甜，中调的花果组合灵动欢快，甜味饱满带着愉悦感。整体风格虽是流行的清新花果，味道上也能找出一些类似的身影，但细节处可以感受到春的气息，山花正艳彩蝶翩翩，富有生命力。

适合年轻女性在春夏季节使用，偏休闲。

231 1977 女
馥郁饱满，经典情怀

Oscar 奥斯卡

香型 东方花香型

前调 桃、橙花、栀子花、罗勒、芫荽

中调 玫瑰、茉莉、晚香玉、薰衣草、迷迭香、伊兰、兰花、

尾调 椰子、丁香、薰衣草、香根草、广藿香、防风根、檀香、没药、龙涎香、海狸香油

网购参考价 240 元 /50ml EDT

成熟 ★★★☆☆ 3.5　　甜美 ★★☆☆☆ 2.5
清爽 ★☆☆☆☆ 1.5　　休闲 ★★☆☆☆ 2.5
留香 ★★★☆☆ 3.0

点评

Oscar de la Renta 的服装以精美奢华见长，香水也是品质优异，第一款作品 Oscar 便获得 FiFi Award 多项大奖：1978 年最成功女香、最佳女香包装，以及 1992 年香水名人堂。

它前调醒目，中调白花甜美馥郁，尾调东方气息浑厚饱满。整体质感丰富，细腻柔和，弥漫感很好。不过对于现在来说，它带着些旧式风格，可能更适合有一定成熟品味的使用者或资深香水玩家。适用春、秋、冬三季。

232 1997 女
柔美细腻的花果组合

So de la Renta
这就是德·拉·伦塔

香型 花果香型

前调 芒果、西瓜、奇异果、小豆蔻、小苍兰、克莱门氏小柑橘、栀子花、

中调 牡丹、莲花、水仙、晚香玉、毛茉莉、甜椒叶

尾调 李子、香草、麝香

网购参考价 240 元 /50ml EDT

成熟：★★☆☆☆ 2.5　　甜美：★★☆☆☆ 2.5
清爽：★★☆☆☆ 2.0　　休闲：★★★☆☆ 3.0
留香：★★★☆☆ 3.0

点评

相对于传统馥郁花香的 Oscar，晚二十年出生的 So de la Renta，清新柔嫩的花果香更具有现代气息。风格虽有不同，但两者都传承了 Oscar de la Renta 的优秀品质。

So de la Renta 各种水果的组合，鲜甜活泼；花香中栀子与茉莉比较突出，绵软清甜。整体柔美细腻，香甜适度。因为没有特别突出的个性色彩，辨识度可能会低一些。适合优雅女子，春、秋、冬三季皆可，场合宽泛。

P

233 1994 女
清甜洁净的柔和花香

XS Pour Elle

香型 花香型

香料 柑橘、橙花油、小苍兰、檀香、龙涎香、
牡丹、水梅、伊兰

网购参考价 220 元 /50ml EDT

成熟：★★★☆☆ 2.5
甜美：★★☆☆☆ 2.0
清爽：★★★☆☆ 3.0
休闲：★★★☆☆ 2.5
留香：★★☆☆☆ 2.0

点评

　　Paco Rabanne 的香水总有些另类的闪光点。例如 1969 年推出的第一款香水"散热器"，用化合物模仿金属的气味；2008 年的 1 Million，香瓶做成一块大金砖……

　　XS 男香模仿的打火机造型，而这款 XS Pour Elle 只延续了男香的大体外观，在香瓶顶部刻有♀女性和占星符号。它是一款线性香水，花香柔和，清甜洁净，带着些与众不同的特质。但稍微有点发闷，显得不够利落。适合春、夏、秋三季。

234 1999 女
温暖甜蜜的个性女香

Ultraviolet 紫外线

香型 东方花香型

前调 杏、芫荽、胡椒、橙椒、甜椒、
新鲜杏仁、巴西红木

中调 玫瑰、茉莉、日本桂花、紫罗兰

尾调 香草、雪松、龙涎香、广藿香

网购参考价 280 元 /50ml EDP

成熟	★★☆☆☆ 2.5	甜美	★★★☆☆ 3.0
清爽	★★☆☆☆ 2.5	休闲	★★★☆☆ 3.0
留香	★★☆☆☆ 2.5		

点评

　　Ultraviolet 的外形时尚颇为抢眼，独特的香味也能给人留下深刻印象。三调没有明显的变化，开场就能闻到清晰的桂花香味，还有甜蜜的果味，以及浑厚的树脂气息。仔细再品，桂花的暖香中混合着一点玫瑰与茉莉的特质。整体花香甜美温暖，质感醇厚，有一定特色与辨识度。适合年轻女子在秋冬季节使用。

235 2003 女
甜蜜中一丝水质透感

Pour Elle 她

香型 花香型

前调 意大利柑橘、白色小苍兰、白胡椒

中调 玫瑰、茉莉、卡罗花

尾调 桃、香草、龙涎香、马索亚木

网购参考价 220 元 /50ml EDP

成熟	★★☆☆☆ 2.5	甜美	★★★☆☆ 3.5
清爽	★★☆☆☆ 2.0	休闲	★★★☆☆ 3.0
留香	★★★☆☆ 3.5		

点评

　　开场柑橘、胡椒与花的组合各司其职，清新柔甜中带着微微辛香。片刻宁静之后，甜蜜的混合花香席卷而至，再加上桃和香草的装点，气息越发的香甜浓郁，欢快明亮，还隐约带着一点水质的通透感。整体娇柔甜美，年轻女性在春、秋两季适用。

236 1984 女
充满张力的细腻花香

Paloma Picasso
同名女香

香型 西普花香型

前调 柠檬、香柠檬、橙花油、玫瑰、康乃馨、芫荽、当归

中调 茉莉、伊兰、风信子、金合欢、广藿香

尾调 檀香、香根草、橡树苔、龙涎香、木质香调

网购参考价 330 元 /50ml EDP

成熟　★★★★☆ 4.0
甜美　★★☆☆☆ 2.0
清爽　★☆☆☆☆ 1.5
休闲　★☆☆☆☆ 1.5
留香　★★☆☆☆ 2.5

点评

提到现代艺术大师 Pablo Picasso，定是人尽皆知，而他的女儿 Paloma Picasso，可能就有些陌生了。这位优雅的女人，不仅继承了父亲的艺术创作天赋，同时也继承了母亲家族对香水的热爱。推出个人品牌香水，自然是顺理成章的事情了。这款同名女香，外形由 Paloma Picasso 亲自参与设计，带着独特的个人风格。前调柑橘果味与绿植药香并重，复杂微苦。中调白花香气浓郁廿甜，与此同时，清晰醒目的药料苦香也扮演着重要的角色，丰富微妙的气息一直延伸至尾调。

整体浑厚细腻，充满张力，但略有时代印记。适合果敢独立的成熟女性，宴会等正式社交场合，秋冬季节。

237 2004 女
柔和干练的"止咳糖浆"

Paul Smith London 伦敦

香型 东方木质香型
前调 青柠、橙花油、紫丁香叶、茴香
中调 茉莉、广藿香
尾调 香草、天芥菜、绿植香调
网购参考价 200 元 /30ml EDP

成熟 ★★☆☆☆ 2.5　　甜美 ★☆☆☆☆ 1.5
清爽 ★★☆☆☆ 2.5　　休闲 ★★★☆☆ 3.0
留香 ★★☆☆☆ 2.5

点评

香瓶设计大师 Pierre Dinand 经典作品无数，这次可能有点小杯具了，为何把 Paul Smith London 设计成皮撅子造型？底部还带凹陷的，如果变橡胶的就更完美了……

嘿~开瓶好一个"京都念慈庵"的味儿，还是"低糖型"的，顿生亲切感。待糖浆香气渐淡，广藿香的味道越发清晰，香草淡淡甘甜，中尾调散发着轻柔的东方药香。

整体柔和沉稳，气质干练，没有花果的娇态，秋冬季节适用。

238 2005 女
一抹清淡花香

Paul Smith Floral 花朵

香型 花香型

前调 甜橙、粉葡萄柚、睡莲、姜

中调 兰花、桂花、玉兰

尾调 麝香、龙涎香、零陵香豆、木质香调

网购参考价 180 元 /30ml EDP

成熟:	★★☆☆☆ 2.0	甜美:	★☆☆☆☆ 1.5
清爽:	★★★☆☆ 3.0	休闲:	★★★☆☆ 3.5
留香:	★☆☆☆☆ 1.5		

点评

　　前调是轻浅的柑橘果香，带着点类似茶叶的气息。中调开始散发花朵清甜，伴随几分绿植凉意。 尾调东方与木质香味显得比较淡薄空洞，质感含混不清，留香也偏短。

　　整体清凉柔和，细节较简单。适合年轻女性，春夏季节适用。

239 **1978** **女**
繁茂喧闹，浓郁花香

Bluebell 蓝铃花

香型 绿植花香型
前调 柑橘类、波斯树脂
中调 玫瑰、茉莉、铃兰、风信子、仙客来
尾调 丁香、肉桂
网购参考价 450 元 /50ml EDT

成熟：	★★★☆☆ 3.0	甜美：	★★★☆☆ 3.0
清爽：	★★☆☆☆ 1.5	休闲：	★★☆☆☆ 2.0
留香：	★★☆☆☆ 2.0		

点评

  同为英国高端香水品牌，Penhaligon's 的历史虽然没有 Floris 源远流长，但都有服务于王室的显赫背景。还有个有趣的共同点，创始人都是理发师出身。

  开场带着花果混合的轻柔微酸。没过多久，花香愈演愈烈，加上树脂浑厚而略带土腥的气息，像某种个头极小但数量繁多的白花，为吸引眼神不济的蜂蝶而散发出浓烈闷茂的香气，喧闹地描述着真实的生命力与爆发力。

  整体花香繁茂浓郁，有点剑走偏锋。它不是一个可以轻易走近的香味，太过"率真"，有点物极必反，需谨慎喷洒。

240 2005 女
温暖独特的蜜饯甜香

Violetta 紫罗兰

香型 花香型

前调 柑橘类、天竺葵

中调 紫罗兰、鸢尾

尾调 雪松、檀香、麝香

网购参考价 450 元 /50ml EDT

成熟	★★☆☆☆ 2.5	甜美	★★★☆☆ 3.5
清爽	★★☆☆☆ 2.0	休闲	★★★☆☆ 3.0
留香	★★★☆☆ 3.0		

点评

　　开场柑橘果味很淡，更多的是轻柔的花香伴随一点植物的草腥味。待茂盛的紫罗兰花簇完全绽放了，香气馥郁独特，有些醉人的美感；甜度也逐渐攀升，如蜜饯般香腻。这种气息一直持续至尾调，没有明显的变化，久闻有些憋闷无趣。

　　整体温暖香甜，个性独特。适合年轻女性在春、秋、冬三季使用。

241 `1945` `女` 风吹草舞，绿意袭人

Vent Vert 清风

香型 绿植花香型

前调 柠檬、橙花、绿植香调、罗勒、阿魏、桃、青柠

中调 玫瑰、茉莉、紫罗兰、小苍兰、风信子、铃兰、伊兰、

尾调 莺尾、檀香、橡树苔、鼠尾草、香根草、麝香、龙涎香、苏合香脂

网购参考价 280 元 /50ml EDT

成熟：★★★☆☆ 3.0　　甜美：★★☆☆☆ 1.5
清爽：★★☆☆☆ 1.5　　休闲：★★★☆☆ 2.5
留香：★★☆☆☆ 2.0

点评

　　Vent Vert 是最早的绿植型香水，1991 年被改版加入了花香。这种为了迎合时代需求，修改经典老香配方的举动已不罕见，但转型是否成功，就只能靠市场来验证了。

　　Vent Vert 的香瓶很美，带着自然随风的动感。香味很青脆，连花儿都是绿油油的质感。除了前中调略冲，带着点清凉油的效果，整体质感还是不错的。适合春秋季节。

　　也许有人不喜欢改版后的 Vent Vert，但这并不能否定它不与人同的开创性和卓越的历史成就。

242 1998 女
柔润细腻的清雅花香

Balmain de Balmain
巴尔曼

香型 西普花香型
前调 香柠檬、胡椒、醋栗花蕾、波斯树脂
中调 玫瑰、茉莉、鸢尾
尾调 檀香、广藿香、橡树苔、香根草
网购参考价 280 元 /50ml EDT

成熟 ★★☆☆☆ 2.5　　甜美 ★★☆☆☆ 2.0
清爽 ★★☆☆☆ 2.5　　休闲 ★★★☆☆ 3.0
留香 ★★☆☆☆ 2.0

点评

　　前调的混合花果香气质感有些模糊，但很轻柔细腻，波斯树脂的气息倒比较清晰。中调花朵甜香多了一些，依然保持着之前的柔润美感。尾调香气凝润淡雅。

　　整体柔美细腻，优雅静逸。适合年轻女性在春、秋两季使用，工作、休闲皆可。

243 2004 女 温暖醇厚的东方香

Prada （Prada Amber）

同名女香

香型 木质东方香型

前调 苦橙、橘子、香柠檬、金合欢

中调 玫瑰、广藿香

尾调 香草、檀香、安息香、劳丹脂、零陵香豆

网购参考价 400 元 /50ml EDP

成熟：★★⯪☆☆ 2.5
甜美：★★★☆☆ 3.0
清爽：★★☆☆☆ 2.0
休闲：★★★☆☆ 3.0
留香：★★★⯪☆ 3.5

点评

来自意大利的 Prada，线条硬朗的香水外形风格，总给我一种美式品牌的错觉。这款同名女香也是如此，矮墩的四方瓶，基本无美感可言。好在瓶中内涵有不错表现，并拿下 2005 年 FiFi Award 奢华女香奖，令人不敢小觑。

香草、广藿香、劳丹脂……这些必不可少的元素组成了饱满浓郁的东方气息，并由始至终贯穿三调，开场柑橘与绿植的明亮微苦，以及中调花朵的柔美甜蜜，都不过是这个东方主体丰富多彩的装饰物。

整体香甜温暖，质感醇厚，虽略有堆砌，但也算得精美细腻。适合年轻以及轻熟女，季节秋冬。场合较宽泛。

R

Ralph Lauren 拉尔夫·劳伦

Roberto Cavalli 罗伯特·卡沃利

Roberto Verino 罗伯特·维利诺

Rochas 洛卡斯

Romeo Britto 罗密欧·布里托

244 1978 女

鲜亮甜美，绿植花香

Lauren 劳伦

香型 绿植花香型

前调 菠萝、香紫苏、绿植香调、巴西红木

中调 保加利亚玫瑰、茉莉、铃兰、仙客来、紫丁香、紫罗兰

尾调 雪松、檀香、康乃馨、橡树苔、香根草

网购参考价 290 元 /59ml EDT

成熟：★★☆☆☆ 2.5　　甜美：★★☆☆☆ 2.5
清爽：★★☆☆☆ 2.5　　休闲：★★★☆☆ 3.5
留香：★★☆☆☆ 2.5

点评

　　这是 Ralph Lauren 涉足香水界的第一款女香，与此同时推出的还有 Polo 男香，两者在造型上有所呼应，都是金色球形瓶盖。

　　Ralph 柔和清新，很难想象是 20 世纪 70 年代的产物。果实与花朵鲜亮甜美，茉莉和铃兰的白花香气温馨愉悦，绿植清香的衬托更是相得益彰。

　　整体温润香甜，柔美大方。适合年轻女性在春、秋、冬三季使用，场合宽泛。

245 1994 男
绿意流畅，明快爽朗
Polo Sport 运动

香型 绿植香型

前调 醛、柠檬、柑橘、橙花油、薄荷、艾草、香柠檬、薰衣草

中调 玫瑰、茉莉、仙客来、海草、巴西红木、天竺葵、姜

尾调 雪松、檀香、麝香、龙涎香、愈创木

网购参考价 300 元 /75ml EDT

成熟：★★☆☆☆ 2.5
甜美：★★☆☆☆ 2.0
清爽：★★☆☆☆ 2.0
休闲：★★★☆☆ 3.5
留香：★★★☆☆ 3.0

点评

作为男香来说，Polo Sport 的开场有些过于馥郁，花果香甜，带着薰衣草的鲜明气息，有点像多糖版的 Cool Water。中调逐渐趋于平和，花朵浅甜绿植明亮，海草的独特香气散发洁净的水生质感。尾调木质与麝香气息轻柔飘逸。

整体芳香流畅，明快爽朗。适合年轻男士，春秋季节使用，夏季可少量喷洒。

246
造型别致，花香平常
Roberto Cavalli 同名女香

香型 木质花香型

前调 橘子、香柠檬、红苹果、玉兰

中调 五月玫瑰、忍冬、小苍兰、野兰花、迷迭香

尾调 雪松、印度檀香、麝香、广藿香、龙涎香

网购参考价 180 元 /40ml EDP

成熟： ★★☆☆☆ 2.5
甜美： ★☆☆☆☆ 1.5
清爽： ★★☆☆☆ 2.0
休闲： ★★★☆☆ 3.0
留香： ★★☆☆☆ 2.0

点评

　　2002 年 Roberto Cavalli 很有声势地推出了第一款香水，造型足够吸引，修长的外盒与香瓶都模仿了动物皮毛纹理，还有一条威风凛凛的蛇在瓶盖上龙盘虎踞，好像在说，小样儿，你碰我试一试！

　　而香味却远不如外观那么另类了，香料用了不少但质感模糊，前中调花香有些沉闷，弥漫感不佳，木质尾调稍有好转。与同时期其他品牌香水对比，风格与市场定位均不够清晰。适合夏秋季节，休闲环境使用。

247 2005 女
花香通透，淡雅柔甜

Serpentine 蜿蜒

香型 东方花香型
前调 柑橘、艾草、栀子花、芒果花
中调 素馨花、佳雷花、黑胡椒、紫罗兰叶
尾调 檀香、龙涎香、妥鲁香膏
网购参考价 190 元 /30ml EDP

成熟：★★☆☆☆ 2.0
甜美：★★☆☆☆ 2.0
清爽：★★★★☆ 3.5
休闲：★★★☆☆ 3.0
留香：★★☆☆☆ 2.0

点评

Roberto Cavalli 对蛇很有好感，在大部分香水瓶上都可以找到这个身影，而 Serpentine 是其中最精致的一款，色调华丽，瓶型饱满，做工细腻。

清新甜美的花果开场，花香轻柔舒缓，一点点胡椒辛香增添通透水感。尾调清甜依旧，东方质感并不明显，只稍有单薄的树脂类气息。

中调精彩，淡雅柔甜无侵扰性。适合春夏季节，30 岁以下女性办公、休闲均可使用。

EAU DE
VERINO

248 1995 女 温馨甜美，明亮花香

Eau de Verino 维利诺之水

香型 花香型

前调 柑橘、香柠檬、黑醋栗、风信子

中调 埃及茉莉、中国桂花、小苍兰

尾调 雪松、橡树、白麝香、灰色龙涎香

网购参考价 260 元 /50ml EDT

成熟：	★★☆☆☆ 2.5	甜美：	★★☆☆☆ 2.0
清爽：	★★★☆☆ 3.0	休闲：	★★★☆☆ 3.5
留香：	★★☆☆☆ 2.0		

点评

前调带着柑橘与黑醋栗的柔和清甜，很快过渡至中调，散发鲜亮花香，茉莉与桂花的质感清晰，但呈现的不是标准写实的花蕊芬芳，而是带着些花瓣的汁液气息。

整体花香明亮，温馨甜美。适合年轻女性在春秋季节使用，夏季也可少量喷洒。休闲、工作皆宜。

249 2002 女
清爽惬意，柔嫩单纯

VV 薇薇

香型 绿植花香型
前调 青柠、柑橘、香柠檬、葡萄柚、青苹果
中调 茉莉、姜、果香调
尾调 檀香、麝香
网购参考价 200 元 /50ml EDP
专柜参考价 390 元 /50ml EDP

成熟：★★☆☆☆ 2.0　　甜美：★☆☆☆☆ 1.5
清爽：★★★☆☆ 3.5　　休闲：★★★★☆ 4.0
留香：★★☆☆☆ 2.0

点评

带青苹果味的香水不少，VV 也是其中之一。竞争激烈，自然需要一技傍身。VV 的特色在于，甜度很低无腻感，轻柔飘逸带着水香。前调柑橘类的果肉鲜嫩，加上苹果皮的青青脆爽；中调花果香气淡柔，散发水的清透质感。

整体可能有点化工感，但足够清爽惬意，柔嫩得单纯无辜，夏季随意喷洒也不会惹人烦腻，又何必计较原料是否多天然呢？

250 `1944` `女`
精美华丽的新婚礼物

Femme 女性

香型 西普香型

前调 杏、桃、李子、柠檬、香柠檬、巴西红木、肉桂

中调 保加利亚玫瑰、茉莉、伊兰、鸢尾、丁香、迷迭香、康乃馨

尾调 香草、麝香、龙涎香、广藿香、橡树苔、皮革、零陵香豆

网购参考价 280 元 /50ml EDP

成熟：★★★☆☆ 3.5　　甜美：★★★☆☆ 3.0
清爽：★☆☆☆☆ 1.0　　休闲：★☆☆☆☆ 1.5
留香：★★★☆☆ 3.0

点评

法国高级时装品牌 Rochas，旗下最富盛名的香水当属这款 Femme。它是创始人 Marcel Rochas 送给妻子的新婚礼物。启用的调香师是当时的新人、后来的顶级名鼻 Edmond Roudnitska。香瓶则由 Rochas 本人和 Lalique 设计而成。

Femme 于 1990 年重新推出。开场是甜美的混合果香以及肉桂的醇厚质感。中调越发浓郁复杂，花香茂盛，之前含蓄的辛香变得清晰热辣，颇有些激情奔放。尾调以香草和龙涎香为首，东方气息醇厚热烈。

整体香甜华丽，质感精美细腻。适合成熟女性，秋冬季节，宴会等场合使用。

香水的颜色

尽管在妥善的存放环境中，香水液体也有可能产生颜色变化。大体归纳为两类：1、颜色变深；2、色系转换。

颜色变深这种情况，主要出现在存放时间较长的老香水身上，这种岁月留下的印迹往往被资深玩家昵称为"酱油瓶"，并不影响其收藏价值；

色系转换的主要原因是色素不稳定，以及光敏作用的推波助澜。漂亮时尚的浅蓝色系香水是重灾区，有不少会变为绿色、暗黄或褐色。

但是，变色不等于变质。香水变质与否应该靠鼻子去判断，而非眼睛。

251 ¹⁹⁶⁰ 女 打造气质轻熟女

Madame Rochas
洛卡斯夫人

香型 醛香花香型

前调 醛、柠檬、香柠檬、绿植香调、橙花油、忍冬、橙花、风信子、金雀花

中调 保加利亚玫瑰、茉莉、晚香玉、鸢尾根、铃兰、水仙、伊兰、鸢尾

尾调 雪松、檀香、麝香、龙涎香、零陵香豆、香根草、橡树苔

网购参考价 290 元 /50ml EDP

成熟：★★★☆☆ 3.0　　甜美：★★⯪☆☆ 2.5
清爽：★★☆☆☆ 2.0　　休闲：★★⯪☆☆ 2.5
留香：★★★☆☆ 3.0

点评

Rochas 第二款经典之作 Madame Rochas，由名鼻 Guy Robert 调制，1989 年重新推出！它与 Guy Robert 1984 年的作品 Amouage Gold 有着惊人的相似！OMG，我像找到 Gold 失散多年的姐妹一样兴奋不已。当然了，两者也有不同之处，Madame Rochas 的动物性香料明显淡了很多，花与醛香更加轻柔，带着淑女般的矜持含蓄。

Madame Rochas 优雅端庄，绝对是优质而美妙的香水。它甚至在某些方面优于 Gold：适用场合更加宽泛，价位与香味也更具亲和力。如果你希望尝试 Gold，又不忍咬碎银牙，不妨试试 Madame Rochas。适合气质型轻熟女，春秋季节。

252 `1987` `女`
一次古典与奢华的诠释

Byzance 拜占庭

香型 西普花香型

前调 醛、柑橘、小豆蔻、绿植香调、柑橘类、康乃馨、柠檬、罗勒、香辛料

中调 土耳其玫瑰、茉莉、铃兰、伊兰、茴香、晚香玉、莺尾根

尾调 香草、雪松、檀香、麝香、天芥菜、龙涎香

网购参考价 420 元 /50ml EDP

成熟 ★★★☆☆ 3.5　　甜美 ★★☆☆☆ 2.0
清爽 ★☆☆☆☆ 1.5　　休闲 ★★☆☆☆ 2.0
留香 ★★★☆☆ 3.5

点评

Rochas 近年来也出品了不少香水，却难找回当年的盛况以及精美优雅的品质。所以还是以老香 Byzance 来作一个华丽的收尾吧。

拜占庭，听名字就带着古典与奢华气质，香味也做出了完美的诠释。它有浓郁浑厚的气息，白色花香令人陶醉，东方质感更胜西普。尾调优质檀香的运用，表现出色有力，令香气绵延，品味悠长。

整体馥郁华美，适合成熟女性，作为秋冬季节的晚宴用香。

253 来自桑巴国度的狂野甜香

2002 女

Britto Women
布里托女香

香型 木质东方香型
前调 香柠檬、风信子、克莱门氏小柑橘
中调 黑醋栗
尾调 肉豆蔻、广霍香、檀香、龙涎香
网购参考价 180 元 /30ml EDP

成熟	★★☆☆☆ 2.5	甜美	★★★☆☆ 3.0
清爽	★★☆☆☆ 2.0	休闲	★★★☆☆ 3.5
留香	★★☆☆☆ 2.0		

点评

　　艺术家出香水已经屡见不鲜了，但第一次看到插画大师 Romeo Britto 的香水时，靓丽的色彩，充满率真个性的设计，还是能给人留下深刻印象。

　　开场果香如美食般甜美浑厚，中间偶有一丝绿植气息，很快就被豆蔻、广藿香驱赶到角落。也许因为 Romeo Britto 是巴西人的缘故，香味如桑巴舞一般热情奔放，很像狂野版的 Angel，多一些黑醋栗的独特果味。

　　整体风格热情甜美，浓郁鲜明，适合秋冬季节，休闲场所或聚会狂欢。

S

254 **1985** **女**

达利激情之作

Salvador Dali
同名女香

香型 东方花香型

前调 醛、柑橘、香柠檬、果香调、罗勒、绿植香调

中调 玫瑰、茉莉、铃兰、橙花、水仙、百合、晚香玉、鸢尾根

尾调 香草、雪松、没药、檀香、麝香、龙涎香、安息香

网购参考价 200 元 /50ml EDT

成熟： ★★★☆☆ 3.0
甜美： ★★★☆☆ 3.0
清爽： ★★☆☆☆ 2.0
休闲： ★★★☆☆ 3.0
留香： ★★★⯪☆ 3.5

点评

艺术家出香水总有得天独厚的优势，比如超现实主义画家达利品牌下的香水，外型设计大都借用了他绘画作品中的一些元素。

Salvador Dali 是达利的第一款香水，香瓶由他本人亲自设计，造型是维纳斯女神鼻与唇的结合体，灵感来源于他 1981 年的一幅作品（这幅画还出现在外盒上）。从此之后，嘴唇成为达利香水品牌的重要象征之一，被大量运用到各种香瓶造型中。

艺术创作需要激情，不知道达利本人是否想这样表达他的第一支香，至少这款同名女香给我的感觉就是如此。前调果香馥郁，还有点小辛辣，呈现一派甜蜜热闹的景象。中调继续保持激情，花香繁茂，白花卷着绿植青味儿，时不时出来调皮一下。尾调加重了香草的甜美感和树脂带来的少许热辣。

整体甜而不腻，精美富丽。适合轻熟女，秋冬季节使用，适合宴会等社交场合，办公环境也可少量喷洒。

注：本评述为 Parfum 香精版本。

255 `2007` `女`
似曾相识的轻柔之吻

Little Kiss 轻吻

`香型` 花果香型
`前调` 红醋栗、玫瑰果、金盏花、黑醋栗花蕾
`中调` 桃、茶玫瑰、牡丹、仙客来
`尾调` 檀香、麝香、广藿香
`参考价格` 150 元 /30ml EDT

成熟：★★☆☆☆ 2.5　　甜美：★★★☆☆ 3.0
清爽：★★☆☆☆ 2.5　　休闲：★★★☆☆ 3.0
留香：★★☆☆☆ 2.5

`点评`

　　Little Kiss 香瓶图案带有莲花，香味却跟莲花毫无关系。三调变化不大，始终呈现一种温暖甜蜜的混合花果香气，依稀能辨认出玫瑰与牡丹的身影。整体柔美细腻，香甜有余，特色不足，与很多香水有相似之处。适合年轻女性在春秋两季使用。二人世界、休闲逛街均可。

256 `2007` `女`
青涩柔嫩的茉莉花香

Purplelight 浅紫红唇

`香型` 木质花香型
`前调` 樱花、竹叶
`中调` 茉莉、佳雷花、紫丁香
`尾调` 麝香、香根草
`网购参考价` 150 元 /30ml EDT

成熟：★★☆☆☆ 1.5　　甜美：★☆☆☆☆ 1.0
清爽：★★★★☆ 4.0　　休闲：★★★★☆ 3.5
留香：★★☆☆☆ 2.0

`点评`

　　开场很绿植，以叶为主体，花做辅助，香气非常清新，鲜嫩微酸。过了好一阵，花儿们才缓过劲儿来。茉莉的白花香气终于散发出来，但依然带着绿植气息，仿佛花苞还青涩未熟就被摘了下来。整体绿植与花朵搭配得体，茉莉偏写实，但细节较少不耐品。适合年轻女性春夏季节使用。

257 1998 女
香甜淡淡，清新柔和

Salvatore Ferragamo pour Femme 同名女香

香型 花香型

前调 香柠檬、葡萄柚、黑醋栗、橙花油、橙花、椰子、八角茴香、醋栗叶芽、绿植香调

中调 玫瑰、铃兰、肉豆蔻、香辛料、康乃馨、牡丹、鸢尾、胡椒、巴西红木

尾调 甜杏仁、木质香调、雪松、檀香、麝香、香根草、覆盆子

网购参考价 240 元 /50ml EDP

专柜参考价 560 元 /50ml EDP

成熟 ★★☆☆☆ 2.5　甜美 ★★☆☆☆ 2.0
清爽 ★★☆☆☆ 2.5　休闲 ★★☆☆☆ 2.5
留香 ★★☆☆☆ 2.0

点评

以制鞋起家的 Ferragamo 在 20 世纪 70 年代就已涉足香水界，而令大家开始熟知，应该由这款同名女香说起。

开场葡萄柚与橙花的组合很干净，没过多久，淡淡的黑醋栗果味占据了主体，带着微微辛感和绿植凉意。待到中调，气息反而变得单薄无力，花朵与香辛料显得束手束脚、含混不清。尾调散发微微甘甜，木质气息表现平常。

整体香甜淡淡，清新柔和，有些特色但质感不足。适合年轻女性春夏季节使用。

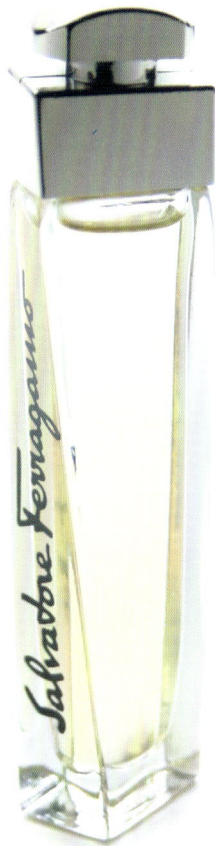

258 2003 女
桃李芬芳，美味果漾

Incanto
美梦成真（水晶鞋）

香型 木质东方香型

前调 李子、水蜜桃皮、牙买加胡椒

中调 佛罗伦萨火百合、茉莉、牡丹、黄葵籽、黑莓

尾调 檀香、白麝香、龙涎香

网购参考价 200 元 /50ml EDP

专柜参考价 560 元 /50ml EDP

成熟	★★☆☆☆ 2.5	甜美	★★☆☆☆ 2.5
清爽	★★☆☆☆ 2.5	休闲	★★★☆☆ 3.0
留香	★★★☆☆ 3.0		

点评

当初在打造 Incanto 的时候，恐怕谁也不曾想到，它会以每年一款新作的速度成为 Ferragamo 最庞大、最畅销的香水系列。这必须感谢创造者对市场年轻化的准确定位。

开场水蜜桃的脆甜味很写实，紧接着，熟李子的香气席卷而来，呈现一派桃李芬芳的景象，美食香甜中夹杂着青涩微酸，闻之口舌生津。中调变化不大，只是花朵蜜甜代替了李子，脆桃的清香仍旧继续。尾调主以檀木柔润奶甜和树脂的浑厚气息为主。

整体香甜适度，细腻柔美。适合年轻女性在春、秋、冬季使用。家居、休闲、约会皆宜。

259 2007 女
欢快明亮的酸甜花果

F for Fascinating
菲比寻常

香型 木质花香型
前调 柑橘
中调 茉莉
尾调 广藿香
网购参考价 240 元 /50ml EDT
专柜参考价 680 元 /50ml EDT

成熟：	★★☆☆☆ 2.0	甜美：	★★★☆☆ 3.0
清爽：	★★☆☆☆ 2.0	休闲：	★★★☆☆ 3.5
留香：	★★☆☆☆ 2.5		

点评

　　Incanto 香水系列的成功令 Ferragamo 后来出品的香水大走年轻路线，F for Fascinating 就是其中之一。它牢牢锁定女生喜爱的甜美花果类型，三调充满大花茉莉香甜妖媚的气息，当然也有一些果味、木质等细节来丰富主体，以免甜得单调乏味。

　　整体花果酸甜，欢快明亮，但辨识度不高。适合年轻女性在春、秋两季使用。

260 `2010` `女` 香甜柔美，质感平淡

Incanto Bloom
蝶忆绽放

`香型` 花香型
`前调` 葡萄柚花、小苍兰
`中调` 茶玫瑰、黄楠兰
`尾调` 麝香、喀什米尔木
`网购参考价` 180 元 /50ml EDT
`专柜参考价` 680 元 /50ml EDT

成熟	★★☆☆☆ 2.5	甜美	★★☆☆☆ 2.0
清爽	★★☆☆☆ 2.5	休闲	★★☆☆☆ 2.5
留香	★★☆☆☆ 2.0		

`点评`

　　"蝶忆绽放"是最新的一款 Incanto 香水，其外观与原系列有所不同，瓶盖变为黑白相间的 Ferragamo 招牌式 Vara bow 蝴蝶结造型。

　　开场就是一股清新的茶 + 柑橘花果味，不过"茶"得有些化工。随着时间的推移，花香慢慢清晰，但质感并不丰厚，散发一种略带闷暖的混合香甜，黄楠兰的气息稍微明显些。尾调木质甘甜。

　　整体花香清甜柔美，但过于规矩、平淡，通透感稍差。适合年轻女性春秋季节使用。工作、休闲皆可。

261
2000 女

炙热张扬的不群之味

Ambre Sultan
王者龙涎香

香型 东方香型

原料 芫荽、当归、檀香、月桂叶、广藿香、树脂、没药

网购参考价 700 元 /50ml EDP

成熟: ★★★☆☆ 3.0　　甜美: ★★☆☆☆ 1.5
清爽: ★★☆☆☆ 2.0　　休闲: ★☆☆☆☆ 1.0
留香: ★★★☆☆ 3.5

点评

　　Serge Lutens 的香水不服务于普罗大众，所以别太指望在它身上找到什么流行卖点。如有心尝试，建议先由试管小样入手。

　　在香料中，Ambre (Amber) 并不是我们通常意义的宝石类琥珀，它原指龙涎香，后来由于语言文字中的混淆，改由 Ambergris，表示天然龙涎香。现在，Amber 多指用香草、劳丹脂、安息香等树脂类原料来模仿龙涎香的质感。而 Ambre Sultan 就是其中出色的一员。

　　它的开场比较含蓄，带着食用香料的浑厚甘甜。往后走，树脂与药料开始不安躁动。气息越发辛辣炙热，如某种燃烧中的物质。这种似曾相识的气息不断牵扯起我脑中的记忆片段：儿时常津津有味地看着父亲拿起烧热的电烙铁在一大块松香上按下，瞬间嗞的声响，随着青烟弥漫出一股特有的味道。是的，Ambre Sultan 就是这般灼热张扬，它原本就不是什么花花草草、莺莺燕燕，索性将香料原始澎湃的一面完全暴露出来。

　　整体浑厚有力，风格独特，可欣赏，可回味，就是不好搭配。偏中性气质，适合秋冬季节使用。

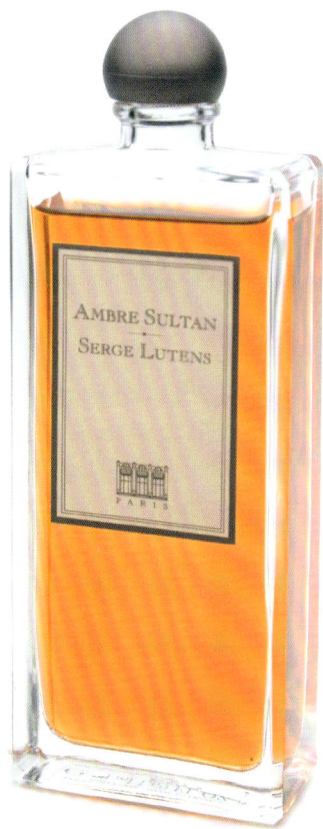

262 ²⁰⁰⁸ 女
花香茂盛，香甜绵软

Nuit de Cellophane
透明之夜

香型 花香型

原料 柑橘、中国桂花、茉莉、蜂蜜、康乃馨、
杏仁、百合、檀香、麝香

网购参考价 700 元 /50ml EDP

成熟：★★☆☆☆ 2.5　　甜美：★★★☆☆ 3.5
清爽：★★☆☆☆ 2.0　　休闲：★★★☆☆ 3.0
留香：★★★☆☆ 3.0

点评

　　在 Serge Lutens 的 香 水 里，Nuit de
Cellophane 算是容易穿戴的了。因为使用了中国
桂花，所以也有人把它叫作"八月夜桂花"。不
过，总觉得欧美人做的桂花老散发一种相同的调
调，即使细节不同，根骨里都占据着空洞的甜
味，完全没有那种沁人心脾、独特难忘的芬芳。
有时都令我怀疑，是不是同一个香料公司提供的精油？

　　在 Nuit de Cellophane 上还是看到了一点希望，虽然里面也有与其他桂花香类似的地方：那
股莫名的甜。但它的优势在于，整体香气醇厚丰富。用蜂蜜与花卉建造丹桂盛开时繁茂绵密的
醉人气息；少许的绿植增添新鲜质感；杏仁的淡淡奶味也是点睛之笔。可惜蜂蜜放多了，有点
糇嗓子。穿在身上，偶然间传来幽香，倒有几分桂花的感觉。哦不，准确点说应该是桂花糖水
的感觉。

　　整体花香茂盛，香甜软腻。适合年轻女性，春、秋、冬三季使用。

奇人 Serge Lutens

　　Serge Lutens 其人，艺术领域涉及香水、彩妆、造型、时装、摄影、导演、艺术
总监……等等等等，堪比十项全能……1942 年出生于法国里尔，1968 年进入 Dior
担任彩妆与形象设计才二十来岁，可谓青年才俊，才华横溢。惊人的色彩与造型艺
术风格，真是不看不知道，一看吓一跳！Lady gaga 你晚了 40 年哦！1980 年开始
与日本化妆品集团 Shiseido 合作，帮助开拓欧美市场。1982 年为 Shiseido 推出香水
Nombre Noir，1992 年 Feminite du Bois 诞生，更确立其独特精良的香水风格。后来
建立 Serge Lutens 个人品牌，成为 Shiseido 高端产品线。

　　Serge Lutens 不是专业鼻子，却受众多香迷仰望。这一切都取决于他不苟世俗的
艺术才情与风格掌控能力。

263 1965 女
优美细腻的东方韵味

Zen (Original)
禅（古典禅）

香型 花香型

前调 香柠檬、橙花、风信子、波斯树脂

中调 玫瑰、水仙、康乃馨、紫罗兰、金合欢、茉莉、莴尾根

尾调 雪松、檀香、麝香、龙涎香、橡树苔

网购参考价 220 元 /80ml EDC

成熟 ★★★☆☆ 3.5　　甜美 ★★☆☆☆ 1.5
清爽 ★★☆☆☆ 1.5　　休闲 ★★★☆☆ 2.5
留香 ★★☆☆☆ 2.0

点评

　　诞生于 1872 年的 Shiseido，现今已发展为全球最大的化妆品集团，旗下拥有两支独立香水品牌 Issey Miyake 和 Jean Paul Gaultier。

　　Zen(Original) 是 Shiseido 最早销往国外市场的香水之一，包装极尽优雅华丽的日式风格。香味真挚朴实，以东方人的角度传达一种完全不同的审美文化。它充满自然韵律，橙花、茉莉、波斯树脂以及檀麝的香味清晰鲜明，悄然盛放又和谐共生，馥郁通透如一个嘹亮的音符，似乎要穿越纷繁嘈杂，涤去虚空繁华，带领嗅觉感知另一个平和静逸的心灵世界。

　　整体优美细腻，纯净质朴。香气偏浓郁，略带旧式风格。适合成熟女性，秋冬季节使用。

264 `1992` `女`
温情洋溢的木质东方香

Feminite du Bois
女性八音盒

`香型` 木质东方香型

`前调` 蜂蜜、玫瑰、康乃馨、姜、肉桂、雪松

`中调` 桃、李子、橙花、紫罗兰、蜂蜡、丁香、小豆蔻

`尾调` 香草、肉桂、雪松、檀香、麝香、安息香

`网购参考价` 600 元 /50ml EDP

成熟：★★★☆☆ 3.0 　　甜美：★★☆☆☆ 2.0
清爽：★★☆☆☆ 2.0 　　休闲：★★☆☆☆ 2.0
留香：★★★☆☆ 3.0

`点评`

　　Feminite du Bois 是 Shiseido 在巴黎开设高端皇家沙龙专卖店后推出的产品，由三位非凡人物共同完成：香水调制是 Christopher Sheldrake 和 Pierre Bourdon，风格掌控以及香瓶设计来自 Shiseido 的艺术总监 Serge Lutens。目标受众明确指向欧美市场，香味自然比 Zen 要华丽许多。

　　有时候觉得华丽挺难表现的，搞砸了就像无数香料生硬堆砌出杂乱无章的气味城墙，压垮的不仅仅是孟姜女她老公。Feminite du Bois 的华丽得益于多种嗅觉感官的精致融合。蜂蜜与玫瑰的香甜绵软，树脂与木质的浑厚温暖，还有不能忽视的香草奶味，以及各色香辛料隐藏在后的复杂辛辣，细密交织，似浑然天成。找一个简单的方式来形容：我喜欢寒冬晴天在阳台上点上一根檀香，享受香烟缭绕，阳光照晒在身上的幸福暖意。Feminite du Bois 带给我的感觉就是如此。

　　整体柔美细腻，温情洋溢，适合成熟内敛女性，秋冬季节使用。

　　附：Feminite du Bois 现已收归 Serge Lutens 品牌，不再以 Shiseido 名义出品。

265 2007 女
清淡柔和，气质干练

Zen 禅

香型 木质花香型

前调 橙、菠萝、葡萄柚、香柠檬、玫瑰

中调 红苹果、铃兰、莲花、小苍兰、栀子花、紫罗兰、风信子、中国玫瑰

尾调 雪松、乳香、白麝香、广藿香、龙涎香、海藻

网购参考价 300 元 /50ml EDP

成熟：★★★☆☆ 3.0　　甜美：★★☆☆☆ 1.5
清爽：★★☆☆☆ 2.0　　休闲：★★☆☆☆ 2.5
留香：★★☆☆☆ 2.0

点评

　　Zen 由 1965 年黑色"古典禅"，历经 2000 年白色的"世纪禅"，演变为今天的方形"禅"，香味虽各有特色，但从外形的转变来看，禅的意境消失殆尽。

　　新禅前调菠萝、柑橘等混合果味颇为欢快，还有比较明显的辛香。中调依然延续那股茴香般的甘甜辛味，花朵似乎过于柔弱，质感显得有些模糊。一段时间后，绿植与广藿香开始发力，香气飘逸宁静，总算有了些清雅韵味。可惜没维持多久，只剩淡薄余香。

　　整体清淡柔和，偏中性气质。适合干练型轻熟女，秋季使用。

FÉMINITÉ
DU BOIS
—
SERGE LUTENS

PARIS

266 **1974** **女**
原野微风，碧绿生青

Eau de Campagne
绿野芳踪

香型 绿植香型

原料 香柠檬、柠檬、李子、罗勒、波斯树脂、番茄叶、茉莉、铃兰、天竺葵、香根草、广藿香、橡树苔、麝香

网购参考价 550 元 /100ml EDT

专柜参考价 850 元 /100ml EDT

成熟	★★☆☆☆ 2.5	甜美	★☆☆☆☆ 0.5
清爽	★★★☆☆ 3.5	休闲	★★★★☆ 4.0
留香	★☆☆☆☆ 1.0		

点评

　　Eau de Campagne 是 Sisley 出品的首款香水，在中性香水发展史上占有显赫地位，也是调香大师 Jean-Claude Ellena 的早期重要作品，从这个香味上可以看出 JCE 简约风格的缩影，以及执著大胆的探索精神。

　　这是一款从外表到内在都充满植物气息的香水。淡绿的色调，简洁素雅的瓶身，香味鲜活明亮，青中带苦，又隐藏着少许酸涩。如同置身绿野，静听植物的呼吸，享受微风带来碧绿生青的香气。

　　适用人群较广，也没有太多年龄限制。春夏季节，休闲、正装皆可，旨在自然随意的生活态度。留香时间很短，建议在身体多处喷洒。

267 1990 女
清新淡雅，优美舒畅

Eau du Soir 夜幽情怀

香型 西普花香型

原料 柑橘、鸢尾、铃兰、埃及茉莉、龙涎香、托斯卡纳鸢尾、姜、胡椒、丁香、杜松、广藿香、檀香、麝香、橡树苔

网购参考价 720 元 /50ml EDP

专柜参考价 1200 元 /50ml EDP

成熟 ★★☆☆☆ 2.5		甜美 ★☆☆☆☆ 1.5	
清爽 ★★☆☆☆ 2.0		休闲 ★★★☆☆ 3.0	
留香 ★★☆☆☆ 2.5			

点评

　　每次看到 Eau du Soir，特别是黑瓶限量版，总不由自主联想起喜欢的一个欧洲乐队：Nightwish。也许是 Eau du Soir 黑夜般的包装和瓶身，以及雕塑式的金色瓶盖，带给我一种欧式古典美感。

　　Sisley 的产品以高贵奢华著称，Eau du Soir 也是这一品牌风格的完美体现。开场是明快青苦的柑橘与绿植芳香，胡椒的醒目微辣悄悄展露，轻轻撩动着嗅觉神经。之后白花香气逐渐清晰，柔润淡雅中保持着青翠鲜嫩的自然之美，各种香辛料与木质带来更多丰富质感。

　　整体清新淡雅，优美舒畅。适用人群和场合较宽泛，季节春秋，夏日也可少量喷洒。

268 ²⁰⁰⁹ ^女
绿植清香，清爽宜人

Eau de Sisley 2
沁香水二号

香型 西普香型

前调 香柠檬、罗勒、小豆蔻

中调 玫瑰、鸢尾、仙客来、埃及茉莉

尾调 雪松、檀香、广藿香、香根草

网购参考价 600 元 /100ml EDT

专柜参考价 1000 元 /100ml EDT

成熟：★★☆☆☆ 2.5　　甜美：★☆☆☆☆ 1.5
清爽：★★☆☆☆ 2.5　　休闲：★★☆☆☆ 2.5
留香：★☆☆☆☆ 1.5

点评

　　Eau de Sisley 一共三款，以 1、2、3 号区别，各侧重不同风格。2 号香水开场是柠檬果酸气息，而后主以罗勒的绿植青苦，略带辛香。中调花朵也泛滥着清新的绿色汁液香气，微微有一点苦涩。尾调香根草淡甜，广藿香与木质气息淡薄。

　　整体清爽宜人，中性十足。缺点依然是留香不佳。适合年轻干练女性，春夏季节使用。

269 2003 女
轻柔玫瑰香

Stella 斯特拉

香型 花香型

原料 柑橘、玫瑰、牡丹、木质香调

网购参考价 240 元 /50ml EDP

成熟 ★★☆☆☆ 2.0　　甜美 ★★☆☆☆ 2.0
清爽 ★★★½☆ 3.5　　休闲 ★★★☆☆ 3.0
留香 ★★☆☆☆ 2.0

点评

　　Stella McCartney 是英国最具影响力的乐队 The Beatles 成员之一 Paul McCartney 的女儿，自幼受父亲音乐以及绘画上的艺术熏陶，其设计的时装作品优雅浪漫中带着摇滚与复古风格。

　　其同名品牌下推出的第一款香水 Stella，由名鼻 Jacques Cavallier 打造。优雅复古的暗紫色调与简洁明快的宝石切面造型，那种内在的华丽感第一时间打动了我。而里面承载的香味却有些反差。开场还不错，带着如花蜜的柔软香甜感，但玫瑰为主、牡丹为辅的组合有点过于简单，无华丽可言，好在也算得干净细致。一段时间之后花香有些损耗了，木质调比较明显时，感觉香气有些淡薄空洞。

　　很多人喜欢玫瑰，也有很多人喜欢这款香水。我必须说，它干净漂亮，但不够精美，算得中等之作。作为入门和初级用香，有亲和力，容易上手。香味轻柔，适合年轻女性在春夏季节使用。

T

270 1988 童
充满阳光的童趣之香

Ptisenbon
小熊宝宝

香型 柑橘花香型
前调 橙、柠檬、波斯树脂
中调 茉莉、铃兰、忍冬
尾调 麝香、龙涎香、橡树苔、巴西红木
网购参考价 180 元 /50ml EDT

成熟 ★★☆☆☆ 1.5
甜美 ★☆☆☆☆ 1.0
清爽 ★★★★☆ 4.0
休闲 ★★★★☆ 4.0
留香 ★☆☆☆☆ 1.0

点评

　　小熊宝宝这个中文名，大概来自于 Ptisenbon 那位可爱的吉祥物。不过，我要代它做个自我介绍："大家好！偶叫 leon。银家不是小熊，银家其实是刺猬啦～"。哎～～可怜的娃，你就将错就错吧，毕竟小熊宝宝这个名字在国内早已深入人心了。

　　Ptisenbon 香水原本专为宝宝推出，还有贴心的无酒精版和有酒精版，分别针对婴儿和三岁以上儿童。它清新纯真的香味，不仅受妈妈们欢迎，更赢得了无数少女青睐。它是一颗带着阳光的甜橙，轻轻切开，自然鲜嫩的果酸味立刻芳香四溢。令人轻松愉悦，心情舒畅。整体果味清新，柔嫩干净。适合 25 岁以下女性春夏季节使用。

271 2005 女 酸甜可口，特色鲜明

Ptisenbon Lemon Pie
柠檬派

香型 柑橘美食香型

原料 柠檬、柑橘、橙、果仁糖、焦糖、香草

网购参考价 180 元 /50ml EDT

成熟	★★☆☆☆ 2.0
甜美	★★★★☆ 3.5
清爽	★★☆☆☆ 2.0
休闲	★★★★☆ 4.0
留香	★★☆☆☆ 2.0

点评

Ptisenbon 自 1995 年起，每年都会推出 1-2 款限量香水。国内最受欢迎的当属 Peach Sorbet 和这款 Lemon Pie。前者是青春可爱的桃子果香，后者是香甜俏皮的美食香。

Lemon Pie 这名字真是名副其实。酸酸甜甜、馥郁醒目的柠檬果香非常开胃，香草与焦糖甜蜜诱人，糅合成了一个香喷喷的美味点心。还有点像 M 记的菠萝派。

整体果香酸甜可口，特色鲜明。适合年轻女性，春秋季节使用，主打休闲。

272 柔美纯净的花果清香
2010 女

Ptisenbon Into the Wind
风中宝宝

香型 花果香型

前调 柠檬、梨子、迷迭香

中调 白百合、玫瑰花瓣、姜

尾调 雪松、白麝香、白色龙涎香

网购参考价 180 元 /50ml EDT

成熟:	★★☆☆☆ 2.0	甜美:	★☆☆☆☆ 1.5
清爽:	★★★☆☆ 3.5	休闲:	★★★☆☆ 3.5
留香:	★☆☆☆☆ 1.5		

点评

Into the Wind 是 Ptisenbon 最新一位成员。走过二十多个春秋，时间没有在这些可爱宝宝们的身上刻下任何岁月痕迹。也许这正是它们畅销不衰的原因，也许这就是每个选择它的人们所衷心期望的——将青春书写到底。

Into the Wind 继承了 Ptisenbon 的一些特质：柠檬果味清新微酸，鲜嫩多汁。花朵非常柔和淡雅，装饰一点绿植清香，更显自然生机。

整体柔美纯净，简洁明快。适合年轻女生，春夏季节使用。

273 `1992` `女`
美食香的巅峰之作

Angel 天使

香型 果香美食香型

前调 甜瓜、椰子、柑橘、桂皮、茉莉、香柠檬、棉花糖

中调 桃、杏、黑莓、李子、蜂蜜、红浆果、玫瑰、茉莉、铃兰、兰花

尾调 香草、焦糖、巧克力、广藿香、麝香、龙涎香、零陵香豆

网购参考价 400 元 /25ml EDP

成熟：★★☆☆☆ 2.5
甜美：★★★★☆ 4.0
清爽：★★☆☆☆ 2.0
休闲：★★★☆☆ 3.5
留香：★★★★☆ 4.0

点评

说来比较好笑，1992 年 Angal 呱呱落地之时，正值香水界刚开始掀起清新风潮，它的成功面世犹如一记响亮的耳光，夹带风雷之音提醒世人：谁说浓郁的香水只有老旧沉闷？谁说浓郁的香水就不能欢欣愉悦、靓丽时尚？

在香味上，Angel 把美食调推上巅峰，即哗众取宠，又匠心独具。香草、焦糖、巧克力，再加上一大堆水果，这些词汇堆积一处，它可能是鲜果巧克力蛋糕，它也可能是 Angal。适度的花香与东方香料推波助澜，让香味更加浑厚，浓郁的广藿香好似神来之笔，药料之味既丰富了美食，又化解甜腻。

整体风格欢快，甜美丰厚，适合开朗时尚的年轻女性，秋冬季节、聚会、外出、二人世界皆可使用。

274 1996 男 活泼开朗大男孩

A ★ Men

香型 木质东方香型

前调 香柠檬、芫荽、薄荷、熏衣草、绿植香调、果香调、香辛料

中调 牛奶、蜂蜜、焦糖、茉莉、铃兰、雪松、广藿香

尾调 香草、咖啡、檀香、麝香、龙涎香、广藿香、安息香、零陵香豆

网购参考价 300 元 /50ml EDT

成熟：★★☆☆☆ 2.0 　甜美：★★☆☆☆ 2.5
清爽：★★☆☆☆ 2.0 　休闲：★★★☆☆ 3.5
留香：★★☆☆☆ 2.5

点评

　　Angel 面世 4 年之后，Thierry Mugler 推出了第一款男香 A men。有人把它称为"天使男"，因为无论外形还是香味，它都与 Angel 一脉相承情侣一般，同样精彩，炫目依旧。

　　A men 保留了一些美食香的特色：醇厚的巧克力、甜滑的香草，以及鲜明的广藿香气息等等，与 Angel 遥相呼应，情浓意浓。细节处增添了不少的男性气质，它削弱了 Angel 的甜美果香与馥郁花香，重点突出醒目的辛香与沉稳的木质气息，并混入绿植清香，适度甜美中带着点浑厚苦味。香料组合细致丰富，品味空间很大。

　　A men 的整体风格是非常活泼开朗的，像个好动顽皮的大男孩。但遗憾的是，对于国内大多数男性而言，它的香味可能偏浓郁，接受度较低。适合 30 岁以下的时尚男士，在秋冬季节，休闲环境中使用。

275 `2001` `中`
香气鲜活，古龙精品

Mugler Cologne
缪格勒古龙

香型 柑橘香型
前调 橙花油、香柠檬、苦橙叶
中调 非洲橙花
尾调 白麝香

网购参考价 370 元 /100ml EDT

成熟 ★★☆☆☆ 2.5　　甜美 ★★☆☆☆ 2.0
清爽 ★★★★☆ 4.5　　休闲 ★★★★☆ 4.0
留香 ★☆☆☆☆ 1.5

点评

　　制造一瓶 Cologne 香水太容易了，从技术角度看，它没有秘密可言，数百年的香水历史上有无数"先烈"可以模仿和借鉴。退一万步讲，甚至多加一点酒精也可以宣称自己是一瓶 EDC；换个角度说，制造一瓶好的 Cologne 又太难了，那么多"先烈"的丰功伟绩阵列于前，不能有老旧之态，又不能缺少清新之魂。

　　Mugler Cologne 堪称是新时代 Cologne 香水的地标，它虽然把浓度提升为 EDT，但对整体风格没有影响，相反，香料的细节表现力更为生动。当柠檬与绿植气息喷薄而出的时候，仿佛勾勒出一幅碧空万里绿草茵茵的画卷，随后的橙花静静绽放，饱满柔润，好似可以闻出轻颤的花蕊、鲜嫩的枝叶散发的气息，无一丝生硬，无半点强横，净水无波，如诗似韵。

　　香气鲜活，清新静逸，适合夏季使用，男女不限，休闲、办公、郊游皆可。春季在室内也可使用。

276 2004 男
凝练有力的木质东方

B ★ Men

香型 木质东方香型

原料 香草、甘草、辛香料、紫罗兰、广藿香、香根草、雪松、茴香、皮革、麝香

网购参考价 300 元 /50ml EDT

成熟：★★☆☆☆ 2.5
甜美：★☆☆☆☆ 1.5
清爽：★★★☆☆ 3.0
休闲：★★☆☆☆ 2.5
留香：★★☆☆☆ 2.5

点评

　　既然首款男香叫 A men，那么第二款叫 B men 也是理所当然。当我执著等待 C、D、E 出现的时候，Thierry Mugler 却光顾着推出 A Men 的后续产品，A 个没完。

　　其实我们也可以把 B men 理解为 A men 的另一种延续，因为无论名字、外观还是香味，它们之间都有着明显的承继关系。相同的瓶型，只是色彩有所改动。味道上，B men 简化了纷繁厚重的美食香气，着墨于辛香与木质的细节表现，尾调东方质感更胜一筹，组合凝练有力，气息醇厚绵长。

　　整体风格阳刚中不失细腻柔情，适用人群、季节与场合比较宽泛。

277 2005 女
质感丰富，花香轻柔

Garden of Stars-Angel Peony
星辉花园系列－牡丹天使

香型 东方花香型
原料 牡丹、玫瑰、铃兰、香草、胡椒、广藿香
网购参考价 340 元 /25ml EDP

成熟：★★☆☆☆ 2.5
甜美：★★☆☆☆ 2.5
清爽：★★☆☆☆ 2.0
休闲：★★★☆☆ 3.5
留香：★★★☆☆ 3.0

点评

　　一款香水的成功，不仅带来直接的销售利润，还能引发更多商机。比如这个 Angel Garden of Stars 系列，借用了 Angel 的优势与人气，以它为香味基础，进行一些适合市场需求的改动而成。

　　这款牡丹天使，像一个清淡少甜版的 Angel。它保留了 Angel 鲜明独特的广藿香，削弱了甜蜜繁多的果味，再加入抢眼的胡椒辛味，以及带着植物汁液气息的牡丹花香。不过闻起来，还是东方药料与辛香比较明显，花朵太过轻柔，只能在背后做个简单陪衬。

　　整体质感丰富，甜度与浓度的调整，让香气更平易随和。适合春秋季节使用。

278 2004 女
清脆鲜嫩的竹叶香

My Torrente
我的图兰朵

香型 花果香型

前调 葡萄柚、红醋栗、红浆果、竹叶、当归

中调 白玫瑰、橙花、黄色小苍兰、荔枝、榛子

尾调 香草、雪松、麝香

网购参考价 160 元 /30ml EDP

成熟	★★☆☆☆ 2.0		甜美	★☆☆☆☆ 1.0
清爽	★★★★☆ 4.0		休闲	★★★☆☆ 3.0
留香	★★☆☆☆ 2.0			

点评

Torrente 的香水，外型都颇具原创个性，香味也各有特色。My Torrente 前调比较微妙，葡萄柚的鲜亮微酸，醋栗的独特果味，以及竹叶的清香，三种气息交错呈现，和睦共处。到了中调，竹香却不肯退场，反而越发清晰，花果成了它的陪衬。香气清脆鲜嫩，带着洁净透亮的水润感。尾调木质气息比较平常。

整体简洁柔和，但欠缺些更丰富的细节。适合年轻女性，春夏季节使用。

279 2005 女

清新花果，柔和温馨

L' Or Rouge 火红金叶

香型 花果香型

前调 柠檬、香柠檬、藏红花

中调 玫瑰、茉莉、桂花、丁香

尾调 广藿香、龙涎香

网购参考价 160 元 /30ml EDP

成熟：★★☆☆☆ 2.5　　甜美：★★☆☆☆ 2.5

清爽：★★☆☆☆ 2.5　　休闲：★★☆☆☆ 2.5

留香：★☆☆☆☆ 1.5

点评

　　开场充满柠檬果味，紧随其后的是一种类似醋栗的独特芳香，感觉非常的熟悉。绞尽脑汁想了半天，终于灵光一闪：像 Cool Water Woman！没错是它，连中调繁茂的花果混合香气与隐约一点水感都有相似之处。不过这种气息没维持多久便开始消散，最后就只剩下寡淡微酸的尾调。

　　整体柔和温馨，缺点也是细节不足。适合年轻女性，春秋季节使用。

280 2006 女
酸甜俏皮花果香

Tous Touch
亲亲桃丝熊

香型 花果香型
前调 铃兰、莲花、小苍兰
中调 茉莉、桂花、佳雷花
尾调 蓝莓、覆盆子、杏仁、香草
网购参考价 220 元 /50ml EDT
专柜参考价 510 元 /50ml EDT

成熟：	★★☆☆☆ 2.5	甜美：	★★☆☆☆ 2.0
清爽：	★★☆☆☆ 2.5	休闲：	★★★☆☆ 3.5
留香：	★★☆☆☆ 2.0		

点评

　　以珠宝闻名的西班牙品牌 Tous，标志性的小熊饰品深受全球女性喜欢。2005 年推出的 Tous Touch 香水，自然将这个人气小熊造型和拿手的珠宝工艺大加利用。它拥有一个圆润但不规则的香瓶，瓶盖以及项间挂着的小熊吊牌，仿造了手工金饰未经打磨修饰的粗犷质感，看似漫不经心，实藏质朴奢华。

　　它花香清新温柔，果味酸甜俏皮，还带着一股薄荷凉意。整体结构略显简单，质感也并不丰富。但这并不能影响它的亲和力，别致的外形与平和的香味，足以令众多年轻女性追捧倾心。

281
2007 童

清新橙花，清纯可爱

Baby Tous 乖乖桃丝熊

香型	花果香型
前调	香柠檬、柑橘、橙花
中调	玫瑰、橙花、苹果、梨
尾调	苦橙叶、雪松、麝香
网购参考价	210 元 /100ml EDC
专柜参考价	420 元 /100ml EDC

成熟：★★☆☆☆ 1.5　　甜美：★☆☆☆☆ 1.0
清爽：★★★★☆ 4.5　　休闲：★★★★☆ 3.5
留香：★☆☆☆☆ 1.0

点评

　　可爱的小熊再次席卷全球，这回换做慵懒的睡帽造型，十分亲切趣致。前调是清透的橙花香味，还带着柑橘果肉的微酸和果皮的醒目。中尾调依然很橙花，有少许梨子香气出现，又匆匆离开。联想起 Kaloo 的蓝色小熊也是橙花味的，相比之下 Baby Tous 果香更丰富一些。整体干净明亮，清纯可爱。适合年轻女生，春夏季节使用，家居休闲放松心情。

282
2009 女

柔软纯净，夏日水香

Tous H_2O 自然之水

香型	水生花香型
前调	柠檬、薰衣草
中调	玫瑰、茉莉
尾调	雪松、澳洲檀香、白色龙涎香
网购参考价	200 元 /50ml EDT
专柜参考价	460 元 /50ml EDT

成熟：★★☆☆☆ 1.5　　甜美：★☆☆☆☆ 1.0
清爽：★★★★☆ 4.5　　休闲：★★★★☆ 4.0
留香：★☆☆☆☆ 1.0

点评

　　最新香水成员 Tous H_2O，继续发扬着童真可爱的品牌风格，香味依然如 Baby Tous 般娇俏稚嫩。它混合花果清新柔甜，带着水的透明质感。不过有些似曾相识，整体效果像 Moschino 的 I Love Love 与 Bvlgari 的 Aqva Pour Homme 两者混合体，气息更柔淡轻飘。将这娇嫩的香味盛放在湛蓝剔透的水滴瓶中，试问有多少女生能抵挡住诱惑？

　　整体柔软纯净，轻松愉悦，适合夏季使用。

V

283 1976 女

花香浓郁，质感丰富

First 第一

香型 醛香花香型

前调 醛、桃、柑橘、香柠檬、黑醋栗、覆盆子

中调 玫瑰、茉莉、铃兰、伊兰、水仙、兰花、康乃馨、晚香玉、风信子、鸢尾根

尾调 蜂蜜、香草、檀香、麝猫香、零陵香豆、龙涎香、橡树苔、香根草、麝香

网购参考价 240 元 /60ml EDT

成熟	★★★☆☆	3.5
甜美	★★☆☆☆	2.5
清爽	★★☆☆☆	2.0
休闲	★☆☆☆☆	1.5
留香	★★★☆☆	3.5

点评

世界顶级珠宝品牌 Van Cleef & Arpels，1976 年开始拓展香水市场，请来名鼻 Jean-Claude Ellena 打造旗下第一款香水 First。之前书中介绍的 Bvlgari 绿茶、Hermes 花园系列、Sisley 绿野芳踪等，都是这位大师的清新杰作。所以，不少人初闻到 First 的时候，真是大跌眼镜。是啊，它竟然是浓郁的醛香花香，怎么也无法与我们熟知的 JCE 或绿植或柑橘的清新风格相联系。

它与 Chanel N°5 有些相似，比如"醛"，一样的张扬。花香上，First 虽也馥郁，却明显没有 N°5 那么繁茂，而且始终带着些果子的酸味。中调某一时段还有明显的类似波斯树脂的气息。

总的来说，First 浓郁细腻，质感丰富，却有那么点跟风的影子，而且时代印记比较明显。适合成熟女性，在秋冬季节使用。

284 `2002` `女`
花香甜美，温柔端庄

Vera Wang 同名女香

`香型` 花香型

`原料` 柑橘、玫瑰、茉莉、铃兰、莲花、鸢尾、
百合、香柠檬、檀香

`网购参考价` 280 元 /50ml EDP

`专柜参考价` 690 元 /50ml EDP

成熟：★★☆☆☆ 2.5
甜美：★★★☆☆ 3.0
清爽：★★☆☆☆ 2.0
休闲：★★☆☆☆ 2.5
留香：★★☆☆☆ 2.5

`点评`

以浪漫简约的婚纱设计风格驰骋时尚界的 Vera Wang，2002 年首次触电香水业，推出了这款同名女香。首战告捷连获 2003 年 FiFi Award 最佳女香和最佳包装两项大奖，可谓出手不凡。这款香水也理所当然的被定义为浪漫婚礼用香，混合花香精致馥郁，干净甜美。除此之外，好像也没有什么突出的特色与辨识度了。

整体中规中矩，温柔端庄。适合年轻女性，春秋季节使用，休闲、工作皆可。

285 2006 女
轻柔流畅的薄纱裙摆

Truly Pink 淡粉轻纱

香型 花香型

前调 杏、荔枝、白色小苍兰、醋栗叶芽

中调 粉玫瑰、铃兰、牡丹

尾调 鸢尾、木质香调

网购参考价 300 元 /50ml EDP

专柜参考价 685 元 /50ml EDP

成熟：★★☆☆☆ 2.0
甜美：★☆☆☆☆ 1.0
清爽：★★★⯪☆ 3.5
休闲：★★★☆☆ 3.0
留香：★⯪☆☆☆ 1.5

点评

　　一直对 Vera Wang 线条简单的香瓶有莫名好感，今天看着这款粉色的 Truly Pink，突然间觉得它很像简洁流畅的礼服裙摆，原来如此，一个小小的细节就能展示其品牌的匠心独具。

　　Truly Pink 开场气息淡如薄纱，一点少许果香，大概是荔枝，水水的，甜度很低。中调香味开始明显了些，能感觉到玫瑰与牡丹的存在，但表现比较平常。尾调也是如此，没有特别精彩之处。

　　整体清新柔淡，作风谨慎，缺少鲜明特色。适合年轻女性，春夏季节使用。

286 2007 女 俏丽柔美小公主

Flower Princess
花漾公主

香型 花果香型

前调 橘子、睡莲、常青藤

中调 摩洛哥玫瑰、茉莉、橙花、里维拉金合欢

尾调 杏、麝香、龙涎香、木质香调

网购参考价 280 元 /50ml EDT

专柜参考价 550 元 /50ml EDT

成熟：★★☆☆☆ 2.0
甜美：★☆☆☆☆ 1.5
清爽：★★★☆☆ 3.5
休闲：★★★☆☆ 3.5
留香：★★☆☆☆ 2.0

点评

　　Vera Wang 将目光瞄向更加年轻的消费市场，2006 年适时推出了 Princess。颠覆性的精美外观，两枚戒指组成香瓶盖子的讨巧创意，立刻吸引了无数目光。热烈的市场反响推动了以 Princess 为蓝本的系列香水陆续诞生。Flower Princess 就是其中一款。

　　这个"公主"在香味上，要比之前介绍的两位"姐姐"年轻活泼许多。前调是柑橘果味与绿植清香。中调花朵娇嫩柔软，淡淡香甜，茉莉的质感比较突出，带着鲜活的花瓣汁液气息。尾调保留淡淡花香，多一点木质平和。

　　整体花香清新鲜嫩，俏丽柔美。虽没有更多精致细节，作为入门和初级的年轻女性用香，已有足够亲和力与实用性。再加上趣致的外观、可爱的花冠戒指，小公主们放马过来，大胆使用吧。适用春夏季节。

287 `1994` `女`
柔和甜美，平易近人

Red Jeans 红牛仔

`香型` 花果香型
`前调` 杏、桃、小苍兰
`中调` 玫瑰、铃兰、伊兰、睡莲、紫罗兰
`尾调` 香草、檀香、麝香
`网购参考价` 180 元 /75ml EDT

成熟：★★☆☆☆ 2.5   甜美：★★☆☆☆ 2.5
清爽：★★★☆☆ 3.0   休闲：★★★☆☆ 3.0
留香：★★☆☆☆ 2.0

`点评`

　　Versace 有一个非常"牛"的香水系列。它不仅名字"牛"，数量牛（七年时间陆续推出十款之多），造型牛（可乐瓶型，铁桶或拉链外包装，在当时足够新颖时尚），销量也是不一般的牛，诞生十余年依然畅销不衰！这些"牛仔"们，大多以香瓶颜色命名，黑牛仔、白牛仔、红牛仔、蓝牛仔……一眼望去色彩丰富，姹紫嫣红。

　　Red Jeans 是牛仔系列的首款女香，它与同时推出的男香 Blue Jeans，一直以来都是入门香迷的标配装备。它清新甜美的花果香味，即使现在看来，依然流行不输给新香。前调桃味突出，中调花香娇嫩，尾调木质平和，继续保留一点香甜气息。

　　整体柔和甜美，轻快明亮。价格也是非常平易近人。适合春秋季节使用，年龄与环境的限制不大。

288 2000 女
清新淡雅，娇俏温情

Versace Woman
范思哲女性

香型	木质花香型
前调	香柠檬、野玫瑰、茉莉叶
中调	李子、覆盆子、莲花、蓝雪松
尾调	麝香、龙涎香

网购参考价 200 元 /50ml EDP

成熟	★★☆☆☆ 2.0	甜美	★★☆☆☆ 2.0
清爽	★★★☆☆ 3.0	休闲	★★★☆☆ 3.0
留香	★★☆☆☆ 2.0		

点评

Versace Woman 外观有着如女性般婀娜多姿的曲线，香味也算得柔美纤巧。前调花朵轻盈，带着绿植幽香。中调稍加馥郁，玫瑰质感越发清晰，还增加了一些甜蜜的果味。尾调气息倒有点像 Red Jean 了。整体清新淡雅，带着女性的娇俏温情。适合年轻女性，春夏季节使用，休闲、工作皆宜。

289 2005 男
清新明亮的流行男香

Versace Man Eau Fraiche
云淡风轻

香型	木质水生香型
前调	柠檬、香柠檬、小豆蔻、巴西红木
中调	雪松、龙蒿、鼠尾草、黑胡椒
尾调	藏红花、龙涎香、麝香、木质香调

网购参考价 200 元 /50ml EDT

成熟	★★☆☆☆ 2.5	甜美	★★☆☆☆ 1.5
清爽	★★★★☆ 4.0	休闲	★★★☆☆ 3.0
留香	★★☆☆☆ 2.0		

点评

开场柑橘果香比较常见，味道不算丰富，有点像淡糖水泡柠檬。中尾调质感稍好，木质辛香新鲜平和，带着淡淡水感。整体风格流行时尚，再配上大牌背景，销量还是不错的。适合年轻男士，春夏季节使用，办公、休闲均可。

290 2006 女
清新鲜嫩，柔和娇俏

Bright Crystal
香恋水晶（晶钻）

香型 花果香型
前调 石榴、日本柚子
中调 牡丹、玉兰、睡莲
尾调 麝香、龙涎香
网购参考价 240 元 /50ml EDT
专柜参考价 628 元 /50ml EDT

成熟：	★★☆☆☆ 2.0		甜美：	★☆☆☆☆ 1.5
清爽：	★★★★☆ 4.0		休闲：	★★★★☆ 4.0
留香：	★★☆☆☆ 2.0			

点评

迷乱了，竟然在 Bright Crystal 的前调闻见类似糖炒栗子的淡淡香味，不过很快又消散了，剩下的是柚子果肉清香。中调花朵鲜嫩柔和，像未盛开的苞蕾，带着植物清香，柚子水水的果味也依然存在。尾调与之前相比，就显得比较寡淡无趣了。

整体清新鲜嫩，柔和娇俏。适合春夏季节，家居等室内休闲环境使用。

291 2009 女
迎合市场的柔淡之作

Versense 香韵（心动）

香型 木质花香型
前调 香柠檬、青橘子、无花果
中调 茉莉、海百合、小豆蔻
尾调 雪松、檀香、橄榄树、麝香
网购参考价 240 元 /50ml EDT
专柜参考价 650 元 /50ml EDT

成熟：★★☆☆☆ 2.5　　甜美：★☆☆☆☆ 1.0
清爽：★★★☆☆ 3.0　　休闲：★★★☆☆ 3.0
留香：★★☆☆☆ 2.5

点评

　　在我理解，这款香水的名字隐藏着一个字面游戏：Versace + Sense = Versense。名字有点趣味性，香水本身却没有给我带来更多惊喜，应算是一款普通的流行香。

　　前调清新微酸，基本都是柑橘果香的天下。中调茉莉花香轻柔，还保留着前调柑橘皮的小刺激。尾调是以檀香为主的木质柔和甘甜。

　　整体花香清新柔淡，质感略薄。适合年轻女性，春夏季节使用。

292 2005 女 馥郁甜美的东方花香

Flowerbomb
花炸弹

香型 东方花香型
前调 香柠檬、绿茶
中调 玫瑰、小花茉莉、兰花、小苍兰
尾调 麝香、广藿香
网购参考价 600 元 /50ml EDP

成熟 ★★☆☆☆ 2.5
甜美 ★★★☆☆ 3.0
清爽 ★★☆☆☆ 2.5
休闲 ★★★☆☆ 3.5
留香 ★★★☆☆ 3.5

点评

　　Flowerbomb 充分证明了，取个有创意的好名字，配个合适的好瓶子，再来个强势的广告轰炸，香水就成功了一大半。

　　初闻到它时，吓了一跳，怎么又来一位 Angel？的确，它炫目的香甜感，以及丰富浑厚的广藿香气息，与 Angel 是如此接近。好在差异之处也有不少，比如清晰的绿植青苔，欢欣跳跃的胡椒类辛香。柔美的花朵为主体，也让 Flowerbomb 整体气息比较温和。特别从中调后半段开始，Flowerbomb 逐渐与 Angel 拉开距离。

　　开场有炸弹的喷礴气魄，混合花香与东方药料馥郁甜美。适合年轻女性，春秋季节使用。

293 **2006** **男**
个性独具的优质男香

Antidote 解毒药

香型 木质东方香型

前调 意大利香柠檬、薄荷、危地马拉小豆蔻、柑橘、葡萄柚

中调 小花茉莉、法国熏衣草、小苍兰、紫罗兰、非洲天竺葵、非洲橙花、肉桂皮、肉豆蔻

尾调 白麝香、龙涎香、得克萨斯雪松、檀香、乳香、皮革、鸢尾、香草、印度广藿香、橡树苔、愈疮木、零陵香豆

网购参考价 480 元 /50ml EDT

成熟	★★☆☆☆ 2.0	甜美	★★☆☆☆ 1.5
清爽	★★★☆☆ 2.5	休闲	★★★☆☆ 2.5
留香	★★☆☆☆ 2.0		

点评

这个名字听起来倒是与 Dior 的 Poison 挺般配的,一个"毒药",一个"解毒药"嘛! Antidoto 在 2007 年获得了 FiFi Award 两项奖,成绩不容小觑。

开场挺醒目的,橘子皮、小豆蔻,带出一派丰盛辛香,感觉还有甘草之类的清晰药料味。中调有比较突出的薰衣草与橙花,香味清新洁净,不动声色地抑制复杂辛香,气息柔和内敛,特色鲜明。

整体质感丰富,个性独具。适合年轻男士在春、夏、秋三季使用。

294 `2000` `女` 轻盈细致的不羁之味

Libertine 浪荡

香型 西普果香型
前调 菠萝、西番莲、葡萄柚
中调 香柠檬、玫瑰、铃兰、忍冬
尾调 劳丹脂、橡树苔、广藿香、麝香、龙涎香

网购参考价 300 元 /50ml EDT

成熟：★★☆☆☆ 2.5   甜美：★★☆☆☆ 1.5
清爽：★★★☆☆ 3.5   休闲：★★★☆☆ 3.0
留香：★★☆☆☆ 2.5

点评

　　人称"朋克教母"、"英国女魔头"的
Vivienne Westwood，对时尚的感觉天赋异
禀，设计的作品也是不走寻常路。旗下香
水自然继承她的衣钵，外型极具独有的品
牌特色。

　　这位老太太果然是性情中人，连香水
名字都取得这么"放荡不羁"。香味也是毫
无约束感，我纠结得词穷，不知该如何形容
它。前调，也许像用柠檬擦拭过的皮革手
套，气息很飘，真实存在，但抓不住它。中
调再加几朵柔软的鲜花，质感开始丰富起
来。尾调广藿香与木质气息依然保持飘逸柔
和的整体风格。

　　香味轻盈细致，适合年轻女性，在春夏
季使用，工作、休闲皆可。

Y

Yves Saint Laurent 伊夫·圣·罗兰

295 `1970` `女`
可以回味的优雅

Rive Gauche 左岸

香型 醛香花香型

前调 醛、桃、柠檬、香柠檬、忍冬、绿植香调

中调 玫瑰、茉莉、铃兰、玉兰、伊兰、鸢尾、栀子花、天竺葵

尾调 檀香、麝香、龙涎香、橡树苔、零陵香豆、海地香根草

网购参考价 350 元 /50ml EDT

成熟：★★★☆☆ 3.0 　甜美：★★☆☆☆ 2.0
清爽：★★☆☆☆ 2.0 　休闲：★★☆☆☆ 2.0
留香：★★☆☆☆ 2.5

点评

　　Rive Gauche 是一款温柔的醛香花香，有时候我觉得它挺像 Chanel N°19，一样低调含蓄的醛，一样柔软恬静的花香。甚至某些时段绿植与树脂气息，虽强度不同，但也有相似之处。

　　Rive Gauche 可能和它的名字一样，具有更深层的含义。不过相隔 40 年，我已很难从它身上读懂所要表达的文化内涵。虽然时间在它身上刻下旧式的烙印，但它冷静干练的优雅气质，依然值得品味和期许。适合成熟女性，在春秋季节使用。

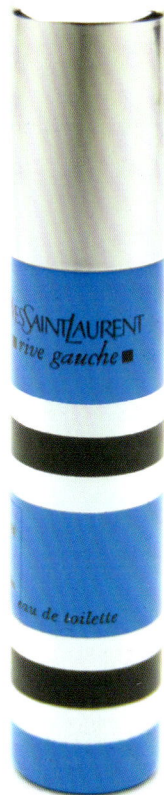

296 1977 女
妖艳撩人的东方脂粉

Opium 鸦片

香型 东方辛香型

前调 李子、柑橘、芫荽、胡椒、茉莉、丁香、香柠檬、柑橘类、西印度月桂叶

中调 桃子、檀香、广藿香、康乃馨、鸢尾根、玫瑰、铃兰、肉桂

尾调 椰子、香草、雪松、没药、乳香、檀香、龙涎香、海狸香油、妥鲁香膏、劳丹脂、防风根、麝香、安息香、香根草

网购参考价 350 元 /50ml EDT

专柜参考价 880 元 /50ml EDT

成熟 ★★★★☆ 4.0 　甜美 ★★☆☆☆ 2.5
清爽 ★★☆☆☆ 1.5 　休闲 ★☆☆☆☆ 1.0
留香 ★★★☆☆ 3.5

点评

　　Opium 应该算是 YSL 旗下最富盛名的香水了。取了"鸦片"这个名字，别说是中国人，即便是老外也会觉得有些扎眼，艰难上市后仍非议不断。不过，事实证明它成功了，也许这就是特立独行、剑走偏锋的功效吧。

　　香水喷出刹那，也并不是想象中那般另类和颓废，柑橘果味与香辛料混出醒目的小刺激，倒有些男香的凛冽。淡淡的花香慢慢展现，逐渐越演越烈，变化成妖艳而浑厚的脂粉香气。若将每一款香水都映射出一个人形，此时的 Opium 必然是烈焰红唇、眼神撩人的狂放女子。好在躁动的气息并未坚持太久，渐渐趋于平缓，中尾调呈现温柔的脂粉香甜。

　　不得不说声佩服佩服，Opium 如此繁杂的香料组合与浓重香味，居然没有做作的堆砌感，实在不易！但它骨子里的野性，和一定的时代印迹，在今天来说，适用人群和穿戴搭配有较大局限性。办公室、图书馆等公共场所，甚至白天都须谨慎使用。花季少女、清新丽人更请自觉回避。适用季节秋冬。

297 1999 女
娇俏花果，畅销不衰

Baby Doll 情窦

香型 花果香型

前调 橙、苹果、菠萝、黑醋栗

中调 玫瑰、铃兰、小苍兰、天芥菜

尾调 香草、雪松、檀香、零陵香豆

网购参考价 200 元 /50ml EDT

专柜参考价 525 元 /50ml EDT

成熟：★★☆☆☆ 2.0
甜美：★★★☆☆ 3.0
清爽：★★☆☆☆ 2.5
休闲：★★★☆☆ 3.5
留香：★★☆☆☆ 2.0

点评

Baby Doll 是最受年轻女生关注的 YSL 香水之一。粉嫩的色调与宝石般的造型，再加上清新独特的花果香味，实在令人爱不释手。不要以为这就够了，YSL 还不断推出各种限量版本，比如在香水里加上闪闪的亮粉，为香瓶套上一个可爱的绒袋，挂个小绒球啥的，更令少女们尖叫不已。

虽然 Baby Doll 总爱新瓶装旧酒，不过醋栗与玫瑰的花果搭配的确很有特色，虽已面世十余年，依然有较高的辨识度，且一直畅销不衰。

整体温柔甜美，娇俏可人。春夏季节，约会、逛街等休闲场合适用。

298 **2008** **女**

鲜嫩娇媚，温柔浪漫

Paris Pont des Amours
巴黎爱之桥

香型 花香型

前调 玫瑰花瓣、橙花、紫罗兰

中调 五月玫瑰、茉莉、康乃馨

尾调 麝香、檀香

网购参考价 260 元 /125ml EDT

成熟：★★☆☆☆ 2.0	甜美：★★☆☆☆ 2.0
清爽：★★★☆☆ 3.5	休闲：★★★☆☆ 3.5
留香：★★☆☆☆ 2.0	

点评

　　Paris 是 YSL 于 1983 年出品的女香，与 Baby Doll 一样拥有庞大的延续产品，Paris Pont des Amours 只是其中之一。

　　它的前调很鲜嫩，带着花朵柔甜与花瓣的汁液清香，中调变化不大，多了些茉莉的质感，依然保持清新水嫩。尾调较普通，似一杯淡糖水。

　　整体花香鲜嫩娇媚，温柔浪漫。适合年轻女性在春夏季节使用。

299 2010 女

柔软香甜，流行之味

Belle d'Opium 美丽鸦片

香型 东方花香型

原料 卡萨布兰卡百合、栀子花、茉莉、檀香、
白胡椒

网购参考价 450 元 /50ml EDP

成熟	★★☆☆☆ 2.5	甜美	★★☆☆☆ 2.5
清爽	★★☆☆☆ 2.0	休闲	★★★☆☆ 3.0
留香	★★★☆☆ 3.0		

点评

　　YSL 2010 年最新大作 Belle d'Opium，
这个打着鸦片旗号的香水，除了名字有些瓜
葛，在味道上与老版本毫无关系可言。

　　它的香味柔和，除了栀子等花朵质感，
以及一点含蓄的甘甜辛香，东方气息比起老
版 Opium 简直少得可怜。在它美丽的外表
下，其实暗藏一颗流行的心。

　　整体柔软香甜，适合轻熟女，春秋季节
使用。

300 `1792` `中`
拿破仑时代的清新古龙

4711 Original Eau de Cologne
4711 古龙水

香型 柑橘香型
前调 橙、桃、柠檬、香柠檬、罗勒
中调 甜瓜、保加利亚玫瑰、茉莉、百合、仙客来
尾调 海地香根草、印度檀香、麝香、广藿香、橡树苔、雪松
网购参考价 130 元 /60ml EDC

成熟 ★★☆☆☆ 2.0　　甜美 ★☆☆☆☆ 1.0
清爽 ★★★★☆ 4.0　　休闲 ★★★☆☆ 3.5
留香 ★☆☆☆☆ 1.5

点评

　　一直以来，国内很多人都存在一种误区，以为古龙水就是一种叫"古龙"的男性香水（那应该再配个金庸水了）。其实Cologne这个名字最早来源于一种制香工艺，后来特指香水的某种浓度，性质等同于"淡香水"、"淡香精"等。而且，古龙水大多都是不分性别的中性香水。

　　这款4711，是有着两百多年历史的"化石级"古龙水。开场非常清新，柑橘果肉与橙花的组合，质感鲜活，香味柔软淡雅。短暂精彩之后，又被果皮与绿叶的强劲青苦快速掩盖。中调苦味散去，4711又回归以橙花为主的温柔花香中。气息轻盈温润，如沐浴后肌肤散发的洁净芳香。余韵有少许香根草与橡树苔的质感。

　　整体自然纯净，简洁而不简单。没有性别与年龄的约束，适合夏季家居休闲时使用。

附录一

如何选择最适合自己的香水？

在商场的香水柜台前，经常看到三三两两的购买者兴高采烈地议论：我喜欢这个玫瑰花的味道……这个果味太有个性了……却很少听到客观的适用性分析，如：这个味道冬天用会不会有点凉吗？上课的时候可以喷这个香水吗……

曾有一种说法："用香水是嗅觉的自由，喜欢的味道只管去使，随意去用。" 的确，芬芳可以给嗅觉带来徜徉之美，使人身心愉悦，但这并不代表放纵的使用。

"香水是身体的另一件外衣"，从这个角度来看，用香与穿衣的确有共同之处，同样有很多规律可以摸索。

每件衣服都有它的季节属性——冷穿棉热穿纱；香水也是如此，不同的味道可以带给嗅觉器官不同的冷暖感受，搭配不当也会给身体带来不适的感受。

爱美之人不会只有一套衣服，通过多种组合合理搭配才能有美感可言。香水同样不能只有一瓶，为不同的时间、不同的地点搭配一款合理的香水，才能收获不同的风采。

时尚达人不会忽视服装的面料、色彩、手工、款式等等细节，不会放过每个闪光的亮点。香水达人也同样要对原料品质、组合创意、香型气质等等细节了若指掌，并能准确找到与之相符的时间与空间，充分展示芬芳的魅力。

香水以实用为本，先得体而后能精彩。

◆ 香水的季节搭配

不知您是否遇到过下面的情况：

盛夏，十数人挤在一个狭小的电梯间，周遭传来强烈焦躁的香味，令人呼吸不畅沉闷欲呕。

寒冬腊月，挤上地铁，身体还没暖和过来，从旁边飘来清新沁凉的海洋调香水味，一个冷战过后，鸡皮疙瘩从脖颈瞬间爬满全身。

上述并不夸张，大多数香水都有其适合的季节，不当的搭配往往让香味的特色与个性难以充分发挥，平淡寡味毫无精彩可言，更有甚者对周遭还会产生负面影响。因此，为香水挑选一个适用的季节是合理用香的基础。以四季鲜明的北方城市为例：

（1）春

春季与秋季的温差变化大且多风，香味易挥发，因此首先选择冷暖适中留香时间长的香水。而意境上，春季是万物复苏的美好时光，味道中最好能传达出春暖花开的勃勃生机。比如，绿植花香型、花香型等。

（2）夏

夏季燥热气闷，日常使用中首先可排除容易造成压迫感的暖香，例如：厚重的东方香型、繁复的花香型等。选择味道清爽的气味在遮盖体味的同时，还可以带来身心愉悦感，例如：凉爽的水生香型、明亮的柑橘古龙、欢快的清新花果香型等等。

（3）秋

秋季干燥风大，万物萧瑟，心情容易消沉，适合使用暖香来抵抗环境的恶劣，用簇拥感与弥漫感好的香水来营造呵护的氛围，东方花香型、馥郁花香型等比较合适。

（4）冬

冬季寒冷，对嗅觉灵敏度有一定影响，因此首先应排除清凉与留香短的香水。可选择味道温暖和馥郁的香水，用出色的战斗力来对抗恶劣天气，用旺盛的活力传达出个体的存在信息。冬季用香，对环境要求较高，例如：室外适用的香水在通风不好的办公室内可能就有些浓郁了。因此，在用法与用量上进行调整。

香水的四季适用性并非一成不变，一款香水往往可以适合多种季节，而每个地域都拥有不同的气候特色，因此，使用中要根据实际的气候进行分析，还要综合考虑一些其他外在因素，如：环境场合。

◆ 香水的环境搭配

为香水挑选适合的环境，比选择适用季节更难一些，需要对香味特色进行客观解读，以及理性的判断。还要综合考虑季节、自身气质、周遭人群等外在因素。

环境场合可大致分为：公共场所、私人空间与特殊环境。

（1）公共场所

又可细分为：办公环境、交际宴会、夜店聚会、逛街购物等。

①**办公环境**：需要综合考虑自己的年龄、个性、职业，还要考虑到同伴的情况，尽量选择精致、平和、稳重，带有自信感的香水。留香时间与弥漫感都要适度，不宜带有太刺激的味道，引起他人反感。

②**交际宴会**：要选择留香久，但不野性的香水。香水要有好的弥漫感，让别人能自然闻到，又不太过强横。如果谋求精彩的话，要尽量注意不与他人撞香，更要综合考虑自己的年龄、气质及着装。

③**夜店聚会**：这一类场所首先要选择能充分展示自身性格的香水。再根据实际环境特点筛选，如Disco使用的香水，固感要好，留香要长，不能被汗水冲淡，也不能让别人的味道轻易遮掩住自己的香味。

④**逛街购物**：这个是公共场合中比较休闲轻松的，选择的随意性较大。主要考虑季节特点、当天的着装以及心情等等。如果更细致些，还可以考虑一下同伴的情况，是男友还是闺蜜。

（2）私人空间

可以分为：日常家居、二人世界、小型聚会、郊游等。

①**家居休闲**：主要注重生活氛围，清新自然为主。当然你觉得什么味道能体现你的心情，或改善你的情绪，营造轻松舒适的感觉，也可以自由选择。细节处还可以考虑一下房间整体风格的协调性，有些香水带有配套的同香型香薰产品，也可搭配使用。

②**二人世界**：注重情调，通过香味传达情感信息。或温柔甜蜜，或激情挑逗，均需要有适当的弥漫度，能营造出一个私密的空间。但务必要注意季节与年龄气质，以及对方的审美。

③**小型聚会**：三五个亲朋好友间的聚会，最好使用轻松的富有亲和力的香水。如果空间狭小或通风不好，忌用太暖或太强横的气味。

④**郊游**：主要配合季节与心情，首选轻松惬意、留香适度的香水。

（3）特殊环境

有很多种情况，简单列举两个事例：特殊人群环境与长时间外出。

①**特殊人群环境**：在工作与生活的周围，可能存在一些特殊人群，如：孕妇、对某种物质强烈敏感的人士等等，在面对他们的时候，需根据对方的身体特点与习惯，有选择性的使用香水，这是对他人最基本的尊重。以孕妇为例：尽量不使用香水，或少量使用清新柔和的味道，避免使用带有麝香、

藏红花等活血药料，以及浓郁强烈动物香料的香水。孕妇比较敏感、情绪波动较大，即便其身体素质好，麝香等香料没有造成流产现象的发生，但过于刺激的味道也容易引起躁动不安。

②长时间外出：包括长途旅游、差旅等等情况。貌似简单实则很难，首先选好季节，其次，香水要尽可能适应多种环境，也就是尽量选择一款人们常说的"百搭香"，是否便于携带也要考虑。一般来说，入门香迷大多会把中性香水视为首选。

为香水挑选适用的环境与季节，绝非束缚，也不以营造古板呆滞的程式化行为为目的。它们只是合理化用香的基础，通过理性的判断，确保用香得体减少负面效应。进而为充分展现嗅觉风采做好准备。(加一句，环境的多适用性)

◆ 个性化选香

在正确选择香水季节与环境的基础上，再通过自身性格、气质特点的分析进行个性化选香，才是真正的华彩段落。效果精彩但难度更高，需要选香人有丰富的阅历，并能够准确地了解自身特质与定位，还要充分了解香水各种细节的表现力。当然，充足的实物资源也是不可缺少的。

每个人都有自己独特的一面，很难用列举具体事例说明，但可以按三个步骤来进行：年龄群体划分、性格与气质的需求、情感的表达。

(1) 年龄群体划分

不同年龄阶段的群体受到生活环境的影响，会有不同气质特点，以及不同的社会认知度。选香人应明确自身所处的年龄阶段，以及这个年龄段应有的基本特质，然后再进行选香。当选香人使用与实际年龄跨度极大的香水时，往往会收到不合时宜的负面效果。例如：18岁女生使用成熟度过高的宴会类香水，可能会让人觉得老气横秋。

(2) 性格与气质的需求

香味可以对个人气质产生细微的丰富与修正，因此，选香人需要明确自身的性格气质，了解不同的香味组合能带来何种效果，以及你希望香气要满足什么样的需求。

例如：秋季，两个刚刚走出校门的女生参加企业面试，同季节同年龄，一个文静，一个活泼，那么，她们选香的着重点就是明确自己的需求。假设，文静女生想让自己成熟稳重些，那么可以适量使用柔和丰富的白花香水，既可增添沉稳气息又不失清纯。活泼女生想通过香味充分展示自己阳光的一面，那么，清甜的柑橘花果香水可以营造爽朗欢快的感觉。

这个尺度很难拿捏，应有宁缺勿过的心态，如反差过于强烈会有扭捏作态之嫌。

(3) 情感的表达

人类拥有丰富细腻的情感变化，让每个人散发出无穷的魅力。而这些充满吸引力的变化往往是从很微小的细节上传达出来，例如：换一双鞋子，加一个饰物，甚至换一个口红颜色都可能让别人觉得你今天很不同。

香水也是如此，它可以超越视觉器官的局限，把你的情感信息变得更加立体，传播到角角落落，或高兴或失落，或甜蜜或忧伤，让受众拥有更为广阔的想象空间。根据心情选香，会让你的每一天都是不同的。

当然，这种表达是高难度的，因为每个味道都有不同的特质，味道中的各种原料通过不同的提炼方法或不同的组合，又可以传达出不同的、甚至相反的嗅觉感受，例如：柑橘类香料的味道可酸可甜，可青可苦；玫瑰种类的不同选择与组合，最终效果可以清纯也可以妖艳。需要对香味有出色的判断力，以及丰富的经验。

◆ 商业品牌与沙龙品牌

香水以实用为本,在千变万化的香水海洋中,应保持平常心,客观对待每一个香味,不能盲目地因其品牌背景或价格而划分等级,寻找适合自己的产品才是最重要的。

香水行业中,常把品牌区分为沙龙与商业。传统意义的沙龙品牌以专业姿态面向市场,历史悠久的品牌,创始人可能就是调香师,或是拥有专属调香师,自行研发,配方代代相传。而香水对于商业品牌而言,只是产品线的组成部分,研发制造大多由专业的制香公司完成。因此,在网络上存在一些"抑商业扬沙龙"的描述。

这两类品牌在历史背景、研发制造、营销模式等等方面存在一些差异性,但这些差异并不是决定其品质优劣的关键。而且,随着香水市场的发展,它们之间的差异日益缩小,商业品牌越来越多借鉴沙龙产品特色,而沙龙发展到一定规模后也会向商业品牌靠拢。

从研发角度说,现今的香水市场以各大制香公司为主导。调香师流动性大,同时服务于多个品牌,调完沙龙调商业,没有什么专属性可言。又或是调香师找个投资人,一个新沙龙就冒出来了。反而是一些有实力的商业品牌,会拥有自己的研发中心与专属的调香师,更有甚者连生产线都有,比沙龙还周全。

从原料角度说,一些沙龙品牌会强调自己使用天然原料,突出自己的品质。但事实上,天然原料受到越来越多的限制,稳定性与丰富性也都不及化合原料,不利于大规模的生产销售。因此,天然原料通常只是扮演着点睛一笔的角色,全面采用的少之又少。而商业品牌近年来也越来越多地推出高端产品,喊出选用天然原料的口号,模仿沙龙香水的主题特色与外观样式,再配上一个高高的售价。久而久之,"天然"这个词汇已经沦为提高价格的借口,吸引力与特殊性能否长久存在就不得而知了。

对于购香者而言,不能全盘否定商业品牌的价值,也不能过度追捧沙龙,两者各有千秋,有经典的同时也都存在糟粕。商业品牌善于把握流行趋势,亲和力好易于穿戴,价格也比较亲民,但水准过于参差。而沙龙品牌的整体水准出色,但某些产品过于追求个性,失去实用价值。例如:某品牌的柑橘主题香水,无论创意还是味道都堪称完美,但留香却只有20分钟,很难搭配服装与场合。

附录二

香水的购买及使用

◆ 常见的香水购买方式

国内购买香水一般有两种方式：实体购买与网络购买。

实体购买包括专柜、专卖店、个体店铺等等。实体购买的优点在于：可以现场试用，直观地感受香味是否适合自己，但价格稍贵，可选种类也相对少一些。

网络购香的种类丰富，价格适中，已经成为大多数香迷首选的购买方式。但网络中假货较多，价格混乱，初级香迷尽量不要抱着检漏的心理去购买价格悬殊较大的产品。有几个小窍门可供参考：

尽量选择有实物照片的商家；

当拿不准主意的时候，可做横向观察，留心商家的其它商品是否存在可疑的物品，尤其是Chanel、Guerlain等价格透明、稳定的品牌，如果这类商品的价格过低，建议本着"宁杀错不放过"的原则，暂时放弃购买；

购买前，最好找一些Q版香水或试管香水进行试用，确保香味适合自己。

◆ 香水信息的查询与参考

目前，国内的香水资料大多来源于港台地区的售卖型网站，信息错漏较多。介绍几个香水主题网站，香迷在购买前，可查询产品的各方面资料，以供参考。

（1）花香集 www.iiiparfum.com

由国内多位资深香迷发起组建的香水主题网站，信息丰富，功能全面，并长期组织多种多样的香水试用活动。特色内容包括：

香水宝典——香水资料库，该网站收集整理了13000余款香水信息，是国内信息量最丰富、最准确的香水资讯库；

专题频道——以全面、专业、趣味性为出发点，发掘香水话题，让爱好者在参与的同时，更多更好地了解香水历史、背景以及特色内涵，配合丰富的活动，让网友香得开心、玩得尽兴

香水试用——网站设有"试香中心"，每周都有不同的香水产品免费发放；"社区频道"长期组织试香活动，为网友提供更多的用香机会。

(2) fragrantica www.fragrantica.com

目前，最受香迷喜爱的美国香水网站，产品信息丰富，特色内容包括：

产品库——共计11400余款产品资料，并带有季节、喜爱程度等适用性投票功能等，评论众多参考性强；

特色检索——强大的香水检索功能，品牌、类型、香料、调香师、国家等等，以及有趣的颜色检索。

(3) Osmoz www.osmoz.com

由鼎鼎大名的芬美意香精香料公司（Firmenich）开办，令许多专业人士流连忘返。

◆ 香水的保存与使用

一款香水无法适应所有的场合与季节，所以建议香迷最少保持3-5款常备香，每隔一段时间再购买些Q版或试管，进行补充与发掘，有感兴趣的味道，需要时可购买正装。

商家在产品标示中会提示保质期限，如：打开后可保存36个月等。因此，初级香迷常常会顾虑香水用不完就过期了，不敢轻易购买。

对于资深香迷而言，很少有人会顾虑保质期。香水随时间的延续会产生一些微小变化，如液体变色、前调损失等等，但香味主题很少改变，并不影响日常使用。笔者收集的香水中，有一部分已经超过10年，但至今未发现大的变化，实际使用中，也未发现对身体有什么不正常的影响。

香水的保存应尽量避光，如果长时间不使用，最好用保鲜袋包裹好香瓶，减少香水与空气的接触，再放入盒子，置于阴凉避光的环境中。

索引

香水网购参考价格索引 ★

编号	品牌	香水	网购参考价	香型	适用	页码
800 元以上						
188	L'Artisan Parfumeur 阿蒂仙之香	Fleur D'Oranger 丰收系列限量—突尼斯橙花	3500/100ml EDP	花香型	女士	211
7	Amouage 爱慕	Gold 金	2050/50ml EDP	花香型	女士	31
8	Amouage 爱慕	Ciel 天空	1850/50ml EDP	花香型	女士	32
147	Hermes 爱马仕	Hermessence Osmanthe Yunnan 闻香珍藏系列—云南桂花	1600/100ml EDT	花果香型	女士	167
73	Creed 克雷德	Green Irish Tweed 爱尔兰绿花呢	1200/75ml EDT	绿植木质型	男士	101
187	L'Artisan Parfumeur 阿蒂仙之香	Premier Figuier Extreme 极品无花果	1200/100ml EDP	木质果香型	女士	210
118	Giorgio Armani 乔治·阿玛尼	Armani Privé Eclat de Jasmin 私藏系列—华彩茉莉	1100/50ml EDP	西普花香型	女士	141
112	Etat Libre d'Orange 解放橘郡	Rossy de Palma 萝西·德·帕尔玛（龙与玫瑰）	810/50ml EDP	东方花香型	女士	134
700 元 -799 元						
164	Jean Patou 让·巴度	Joy 欢乐	750/50ml EDP	花香型	女士	185
267	Sisley 希思黎	Eau du Soir 夜幽情怀	720/50ml EDP	西普花香型	女士	292
1	Acqua di Parma 帕尔玛之水	Colonia 克罗尼亚	700/100ml EDC	柑橘香型	中性	25
174	Jo Malone 乔·曼侬	Lime Basil & Mandarin 青柠·罗勒和橘	700/100ml EDC	柑橘香型	中性	196
175	Jo Malone 乔·曼侬	Vintage Gardenia 栀子佳期	700/100ml EDC	花香型	女士	197
189	La Prairie 莱珀妮	Silver Rain 银之雨	700/50ml EDP	东方花香型	女士	212
261	Serge Lutens 赛尔日·卢丹氏	Ambre Sultan 王者龙涎香	700/50ml EDP	东方香型	女士	285
262	Serge Lutens 赛尔日·卢丹氏	Nuit de Cellophane 透明之夜	700/50ml EDP	花香型	女士	286

★ 注：该价格排序以每款香水单品网购参考价格为主，每款香水计量差别问题不进入考虑

编号	品牌	香水	网购参考价	香型	适用	页码
		600 元 -699 元				
2	Acqua di Parma 帕尔玛之水	Cipresso di Toscana 蓝色地中海系列—托斯卡纳柏	600/120ml EDT	木质香型	中性	26
62	Chanel 香奈儿	No5 香奈儿, 5 号	600/50ml EDP	醛香花香型	女士	89
151	Houbigant 霍比格恩特	Quelques Fleurs 花朵	600/50ml EDP	花香型	女士	172
264	Shiseido 资生堂	Feminite du Bois 女士八音盒	600/50ml EDP	木质东方香型	女士	288
268	Sisley 希思黎	Eau de Sisley No2 沁香水二号	600/100ml EDT	西普香型	女士	293
292	Viktor & Rolf 维克多·罗尔夫	Flowerbomb 花炸弹	600/50ml EDP	东方花香型	女士	317
		500 元 -599 元				
152	Houbigant 霍比格恩特	Quelques Fleurs Royale 皇室花朵	590/50ml EDP	花香型	女士	173
64	Chanel 香奈儿	Coco Mademoiselle 可可小姐	550/50ml EDP	西普花香型	女士	92
266	Sisley 希思黎	Eau de Campagne 绿野芳踪	550/100ml EDT	绿植香型	女士	291
14	Annick Goutal 安霓可·古特尔	Eau d'Hadrien 哈德良之水	500/50ml EDT	柑橘香型	中性	39
15	Annick Goutal 安霓可·古特尔	Songes 梦（小夜曲）	500/50ml EDT	东方花香型	女士	40
140	Guy Laroche 纪·拉罗什	Fidji 斐济	500/50ml EDT	花香型	女士	159
197	Lancome 兰蔻	La Collection Mille & Une Roses 一千零一朵玫瑰	500/50ml EDP	东方花香型	女士	219
		400 元 -499 元				
133	Guerlain 娇兰	Eau de Cologne Imperiale 帝王之水（皇家香露）	480/100ml EDC	柑橘香型	中性	151
155	i Profumi di Firenze 翡冷翠之香	Catherine de Medici 凯瑟琳·德·梅第奇	480/50ml EDP	花香型	女士	176
156	i Profumi di Firenze 翡冷翠之香	Essendo 存在	480/50ml EDP	花香型	女士	177
293	Viktor & Rolf 维克多·罗尔夫	Antidote 解毒药	480/50ml EDT	木质东方香型	男士	318
28	Boucheron 布歇隆	Initial 最初	450/50ml EDP	花香型	女士	56
59	Cartier 卡地亚	Delices de Cartier 黛丽（欢欣）	450/50ml EDT	花果香型	女士	86
63	Chanel 香奈儿	No19 香奈儿 19 号	450/50ml EDT	西普绿植花香型	女士	90
65	Chanel 香奈儿	Chance 邂逅	450/50ml EDT	花香型	女士	93
239	Penhaligon's 潘赫里贡	Bluebell 蓝铃花	450/50ml EDT	绿植花香型	女士	260

335

编号	品牌	香水	网购参考价	香型	适用	页码
240	Penhaligon's 潘赫里贡	English Fern 紫罗兰	450/50ml EDT	花香型	女士	261
299	Yves Saint Laurent 伊夫·圣·罗兰	Belle D'Opium 美丽鸦片	450/50ml EDP	东方花香型	女士	325
60	Castelbajac 卡斯泰尔巴雅克	Castelbajac 坏天使	420/30ml EDP	东方花香型	女士	87
252	Rochas 洛卡斯	Byzance 拜占庭	420/50ml EDP	西普花香型	女士	275
30	Bourjois 夜巴黎	Soir De Paris 暮色香都（巴黎之夜）	400/50ml EDP	花香型	女士	58
85	Dior 迪奥	Eau Sauvage 野水（清新之水）	400/50ml EDT	柑橘香型	男士	111
87	Dior 迪奥	Dolce Vita 甜蜜自述（快乐之源）	400/50ml EDT	木质东方香型	女士	113
88	Dior 迪奥	J'adore 真我	400/30ml EDP	花果香型	女士	114
92	Dolce & Gabbana 杜嘉班纳	D&G Anthology Le Bateleur 1 魔术师	400/100ml EDT	水生木质香型	中性	116
113	Floris 佛罗瑞斯	Edwardian Bouquet 爱德华花束	400/50ml EDT	木质花香型	女士	136
114	Floris 佛罗瑞斯	China Rose 中国玫瑰	400/50ml EDT	东方花香型	女士	137
150	Hermes 爱马仕	Un Jardin Apres la Mousson 雨季后花园	400/50ml EDT	木质辛香型	中性	140
243	Prada 普拉达	Prada (Prada Amber) 同名女香	400/50ml EDP	花香型	女士	265
273	Thierry Mugler 蒂埃里·缪格勒	Angel 天使	400/25ml EDP	果香美食香型	女士	299
300 元 -399 元						
29	Boucheron 布歇隆	Miss Boucheron 布歇隆小姐	380/50ml EDP	花香型	女士	57
138	Guerlain 娇兰	Insolence 熠动	380/50ml EDT	花果香型	女士	156
166	Jean Paul Gaultier 让·保罗·高提耶	Classique 经典	380/50ml EDP	东方花香型	女士	187
213	Marc Jacobs 马克·雅克布	Lola 罗兰	380/50ml EDP	花果香型	女士	234
275	Thierry Mugler 蒂埃里·缪格勒	Mugler Cologne 缪格勒古龙	370/100ml EDT	柑橘香型	中性	301
89	Dior 迪奥	Midnight Poison 午夜奇葩（蓝毒）	360/30ml EDP	木质东方香型	女士	114
111	Estee Lauder 雅诗·兰黛	Sensuous 摩登都市	360/50ml EDP	木质东方香型	女士	132
132	Gucci 古奇	Flora by Gucci 花之舞	360/30ml EDT	花香型	女士	150
134	Guerlain 娇兰	Mitsouko 东瀛之花（蝴蝶夫人）	360/50ml EDT	西普果香型	女士	152
139	Guerlain 娇兰	Guerlain Homme 娇兰男士	360/50ml EDT	木质芳香型	男士	157

编号	品牌	香水	网购参考价	香型	适用	页码
148	Hermes 爱马仕	Terre d'Hermes 大地	360/50ml EDP	木质辛香型	男士	168
215	Molinard 莫里纳	Molinard de Molinard 莫里纳	360/100ml EDT	花果香型	女士	236
43	Cacharel 卡夏尔	LouLou 露露	350/50ml EDP	东方花香型	女士	70
44	Cacharel 卡夏尔	Noa 诺娃	350/50ml EDT	木质花香型	女士	71
51	Carolina Herrera 卡罗琳娜·海莱拉	Carolina Herrera 同名女香	350/50ml EDP	花香型	女士	77
90	Dior 迪奥	Miss Dior Cherie Blooming Bouquet 迪奥小姐花漾甜心	350/30ml EDT	花香型	女士	115
106	Estee Lauder 雅诗·兰黛	Youth Dew 年轻蜜露	350/65ml EDP	东方辛香型	女士	128
110	Estee Lauder 雅诗·兰黛	Pleasures 欢沁	350/50ml EDT	花香型	女士	131
149	Hermes 爱马仕	Kelly Caleche 凯丽马车	350/50ml EDT	木质花香型	女士	169
167	Jean Paul Gaultier 让·保罗·高提耶	gaultier 2 爱的力量	350/40ml EDP	东方香型	中性	188
190	Lalique 拉力克	Lalique 同名女香	350/50ml EDT	东方花香型	女士	213
194	Lancome 兰蔻	Tresor 珍爱	350/50ml EDP	东方花香型	女士	216
196	Lancome 兰蔻	Hypnose 梦魅 （催眠）	350/50ml EDP	木质东方香型	女士	218
198	Lancome 兰蔻	Magnifique 璀璨	350/50ml EDP	木质花香型	女士	220
295	Yves Saint Laurent 伊夫·圣·罗兰	Rive Gauche 左岸	350/50ml EDT	醛香花香型	女士	321
296	Yves Saint Laurent 伊夫·圣·罗兰	Opium 鸦片	350/50ml EDT	东方辛香型	女士	322
277	Thierry Mugler 蒂埃里·缪格勒	Garden of Stars-Angel Peony 星辉花园系列—牡丹天使	340/25ml EDP	东方花香型	女士	303
57	Cartier 卡地亚	So Pretty de Cartier 窈窕美人 （美丽佳人）	330/50ml EDT	花香型	女士	84
192	Lalique 拉力克	Lalique Le Parfum 拉力克之香	330/50ml EDP	东方香型	女士	215
193	Lalique 拉力克	Amethyst 紫水晶	330/50ml EDP	花果香型	女士	215
236	Paloma Picasso 帕罗玛·毕加索	Paloma Picasso 同名女香	330/50ml EDP	西普花香型	女士	257
34	Burberry 巴宝莉	Burberry London 伦敦	320/50ml EDP	花果香型	女士	61
56	Caron 卡朗	Lady Caron 卡朗女士	320/50ml EDP	西普花香型	女士	83
108	Estee Lauder 雅诗·兰黛	Pure White Linen Pink Coral 甜梦如风	320/50ml EDP	花香型	女士	129
131	Gucci 古奇	Gucci Eau de Parfum 古奇淡香精	320/50ml EDP	东方辛香型	女士	150
214	Molinard 莫里纳	Habanita 哈巴涅拉舞	320/100ml EDT	东方香型	女士	235
71	Christian Lacroix 克里斯汀·拉克鲁瓦	Tumulte Women 悸动女香	300/30ml EDP	东方花香型	女士	99

编号	品牌	香水	网购参考价	香型	适用	页码
86	Dior 迪奥	Dune 沙丘	300/30ml EDT	东方花香型	女士	112
91	Dolce & Gabbana 杜嘉班纳	Light Blue 浅蓝	300/50ml EDT	花果香型	女士	116
115	Giorgio Armani 乔治·阿玛尼	Acqua di Gio 寄情水	300/50ml EDT	花果香型	女士	139
125	Givenchy 纪梵希	My Givenchy Dream 纪梵希之梦	300/50ml EDT	花果香型	女士	146
143	Hermes 爱马仕	Caleche 四轮马车	300/50ml EDT	醛香花香型	女士	163
146	Hermes 爱马仕	Eau des Merveilles 橘彩星光	300/50ml EDT	木质东方香型	女士	165
157	Issey Miyake 三宅一生	L'Eau D'Issey 一生之水	300/50ml EDT	水生花香型	女士	178
159	Jacques Fath 雅克·法特	Fath de Fath 法特之法特	300/50ml EDT	东方香型	女士	181
160	Jacques Fath 雅克·法特	Green Water 绿水	300/50ml EDT	绿植香型	男士	182
165	Jean Patou 让·巴度	Enjoy 乐趣	300/50ml EDP	花果香型	女士	186
205	Lolita Lempicka 洛丽塔·莱姆皮卡	Lolita Lempicka 初（魔幻苹果）	300/50ml EDP	东方花香型	女士	228
207	Lolita Lempicka 洛丽塔·莱姆皮卡	Fleur de Corail 珊瑚花	300/50ml EDP	东方花香型	女士	230
245	Ralph Lauren 拉尔夫·劳伦	Polo Sport 运动	300/75ml EDT	绿植香型	男士	268
265	Shiseido 资生堂	Zen 禅	300/50ml EDP	木质花香型	女士	289
274	Thierry Mugler 蒂埃里·缪格勒	A men	300/50ml EDT	木质东方香型	男士	300
276	Thierry Mugler 蒂埃里·缪格勒	B men	300/50ml EDT	木质东方香型	男士	302
285	Vera Wang 王薇薇	Truly Pink 淡粉轻纱	300/50ml EDP	花香型	女士	311
294	Vivienne Westwood 薇薇恩·韦斯特伍德	Libertine 浪荡	300/50ml EDT	西普果香型	女士	319
200 元 -299 元						
55	Caron 卡朗	Narcisse Noir 黑水仙	290/50ml EDT	东方花香型	女士	82
119	Giorgio Armani 乔治·阿玛尼	Attitude 绝度（姿态）	290/50ml EDT	木质东方香型	男士	142
126	Givenchy 纪梵希	Ange Ou Demon Le Secret 魔幻天使灿若晨曦	290/30ml EDP	花香型	女士	146
158	Issey Miyake 三宅一生	L'Eau D'Issey Homme 一生之水男香	290/75ml EDT	木质水生香型	男士	179
244	Ralph Lauren 拉尔夫·劳伦	Lauren 劳伦	290/59ml EDT	绿植花香型	女士	267
251	Rochas 洛卡斯	Madame Rochas 洛卡斯夫人	290/50ml EDP	醛香花香型	女士	274

编号	品牌	香水	网购参考价	香型	适用	页码
21	Banana Republic 香蕉共和国	Alabaster 雪花石	280/50ml EDP	木质花香型	女士	49
23	Banana Republic 香蕉共和国	Malachite 孔雀石	280/50ml EDP	东方香型	女士	51
35	Burberry 巴宝莉	The Beat 动感节拍	280/50ml EDP	木质花香型	女士	61
42	Cacharel 卡夏尔	Anais Anais 安妮丝·安妮丝	280/50ml EDT	花香型	女士	69
102	Emanuel Ungaro 伊曼纽尔·恩格罗	Diva 歌者	280/50ml EDP	西普花香型	女士	125
104	Escada 爱斯卡达	Magnetism 吸引力（触电）	280/50ml EDP	东方香型	中性	127
107	Estee Lauder 雅诗·兰黛	White Linen 白色亚麻	280/30ml EDP	花香型	女士	129
109	Estee Lauder 雅诗·兰黛	Beautiful 美丽	280/30ml EDP	花香型	女士	130
117	Giorgio Armani 乔治·阿玛尼	Code Pour Homme 印记	280/50ml EDT	东方辛香型	男士	140
123	Givenchy 纪梵希	Organza 透纱	280/30ml EDP	东方花香型	女士	145
124	Givenchy 纪梵希	Very Irresistible 魅力	280/30ml EDT	花果香型	女士	145
135	Guerlain 娇兰	Shalimar 莎乐美（一千零一夜）	280/30ml EDP	东方花香型	女士	153
130	Gucci 古奇	Gucci Rush 狂爱	280/50ml EDT	西普花香型	女士	149
144	Hermes 爱马仕	24 Faubourg 法布街 24 号	280/50ml EDT	花香型	女士	164
145	Hermes 爱马仕	Concentre d'Orange Verte 绿柑泉	280/50ml EDT	柑橘香型	中性	164
163	Jean Desprez 让·德普雷	Bal a Versailles 凡尔赛舞会	280/50ml EDT	东方香型	女士	184
191	Lalique 拉力克	Le Baiser 吻	280/50ml EDT	花香型	女士	214
203	Loewe 罗意威	A Mi Aire 心情怡然	280/50ml EDT	花果香型	女士	226
204	Loewe 罗意威	I Loewe You 甜心飞吻	280/50ml EDT	木质花香型	女士	227
206	Lolita Lempicka 洛丽塔·莱姆皮卡	Au Masculin 男士	280/50ml EDT	木质东方香型	男士	229
209	Lolita Lempicka 洛丽塔·莱姆皮卡	Si Lolita 诗	280/50ml EDP	辛香花香型	女士	231
212	Marc Jacobs 马克·雅克布	Marc Jacobs 同名女香	280/50ml EDP	绿植花香型	女士	234
226	Nina Ricci 莲娜丽姿	Nina 莲娜	280/50ml EDT	醛香花香型	女士	246
234	Paco Rabanne 帕科·拉邦纳	Ultraviolet 紫外线	280/50ml EDP	东方花香型	女士	256
241	Pierre Balmain 皮埃尔·巴尔曼	Vent Vert 清风	280/50ml EDT	绿植花香型	女士	263
242	Pierre Balmain 皮埃尔·巴尔曼	Balmain de Balmain 巴尔曼	280/50ml EDT	西普花香型	女士	264
250	Rochas 洛卡斯	Femme 女士	280/50ml EDP	西普香型	女士	273

编号	品牌	香水	网购参考价	香型	适用	页码
67	Chloe 克劳尔	Narcisse 水仙美少年（自恋）	240/50ml EDT	东方花香型	女士	95
68	Chopard 萧邦	Casmir 喀什米尔（卡丝莫）	240/50ml EDP	东方花果香型	女士	96
93	Donna Karan 唐娜·卡兰	Be Delicious 垂涎欲滴（青苹果）	240/50ml EDP	花果香型	女士	117
94	Donna Karan 唐娜·卡兰	Be Delicious Fresh Blossom 迷人红苹果	240/125ml EDT	花果香型	女士	118
100	Elizabeth Taylor 伊丽莎白·泰勒	White Diamonds 白钻	240/50ml EDT	西普花香型	女士	123
122	Givenchy 纪梵希	Amarige 爱慕	240/30ml EDT	花香型	女士	144
120	Giorgio Beverly Hills 乔治·比佛利山	Giorgio 乔治	240/50ml EDT	花香型	女士	143
182	Kenzo 高田贤三	Summer by Kenzo 晨曦新露	240/50ml EDP	东方花香型	女士	205
186	Koto Parfums	Hello Kitty 凯蒂猫	240/100ml EDT	花果美食香型	儿童	208
185	Koto Parfums	Hello Kitty Baby Perfume 凯蒂猫宝宝香水	240/100ml EDS	花果香型	儿童	208
223	Nanette Lepore 娜内特·莱波雷	Nanette Lepore 同名女香	240/30ml EDP	花果香型	女士	243
224	Nanette Lepore 娜内特·莱波雷	Shanghai Butterfly 上海蝴蝶	240/30ml EDP	东方花香型	女士	244
228	Nina Ricci 莲娜丽姿	Love by Nina 浪漫甜心	240/50ml EDT	花香型	女士	248
229	Novae Plus	Miss Caty Cat-Pearl Pink 爱猫物语系列—珍珠粉	240/50ml EDP	花香型	女士	249
230	Olivier Strelli 奥利维尔·斯泰利	The World Is Wonderful 精彩世界	240/30ml EDP	木质花香型	女士	251
231	Oscar de la Renta 奥斯卡·德·拉·伦塔	Oscar 奥斯卡	240/50ml EDT	东方花香型	女士	252
232	Oscar de la Renta 奥斯卡·德·拉·伦塔	So de la Renta 这就是德·拉·伦塔	240/50ml EDT	花果香型	女士	253
257	Salvatore Ferragamo 萨尔瓦多·菲拉格慕	Salvatore Ferragamo pour Femme 同名女香	240/50ml EDP	花香型	女士	281
259	Salvatore Ferragamo 萨尔瓦多·菲拉格慕	F for Fascinating 菲比寻常	240/50ml EDT	木质花香型	女士	283
269	Stella McCartney 斯特拉·麦卡特尼	Stella 斯特拉	240/50ml EDP	花香型	女士	294
283	Van Cleef & Arpels 梵克雅宝	First 第一	240/60ml EDT	醛香花香型	女士	309
290	Versace 范思哲	Bright Crystal 香恋水晶（晶钻）	240/50ml EDT	花果香型	女士	315
291	Versace 范思哲	Versense 香韵（心动）	240/50ml EDT	木质花香型	女士	316
17	Azzaro 阿莎罗	Chrome 风（酪元素）	230/50ml EDT	柑橘香型	男士	44
36	Bvlgari 宝格丽	Eau Parfumee au The Vert 绿茶	230/75ml EDC	柑橘绿植香型	中性	62

编号	品牌	香水	网购参考价	香型	适用	页码
5	Alfred Sung 阿尔弗莱德·宋	Forever 永远	220/75ml EDP	花香型	女士	29
20	Balenciaga 巴黎世家	Rumba 伦巴	220/50ml EDT	东方花果香型	女士	48
22	Banana Republic 香蕉共和国	Black Walnut 黑核桃	220/50ml EDT	木质香型	男士	50
154	Hugo Boss 胡戈·波士	Boss in Motion 动感	220/40ml EDT	东方蕨香型	男士	174
172	Jesus Del Pozo 波索	In Black 黑珍珠	220/50ml EDT	花果香型	女士	194
173	Jesus Del Pozo 波索	In White 白珍珠	220/50ml EDT	花香型	女士	195
180	Kenzo 高田贤三	L'Eau par Kenzo pour Homme 清泉男香（风之恋）	220/50ml EDT	水生香型	男士	203
184	Kenzo 高田贤三	Eau de Fleur de Magnolia 玉兰花露	220/50ml EDT	花香型	女士	207
202	Lanvin 兰文	Eclat d'Arpege 光韵	220/50ml EDP	花果香型	女士	223
227	Nina Ricci 莲娜丽姿	Nina 2006 苹果甜心	220/50ml EDT	花果香型	女士	247
233	Paco Rabanne 帕科·拉邦纳	XS Pour Elle	220/50ml EDT	花香型	女士	255
235	Paco Rabanne 帕科·拉邦纳	Pour Elle 她	220/50ml EDP	花香型	女士	256
263	Shiseido 资生堂	Zen Original 禅（古典禅）	220/80ml EDC	花香型	女士	287
280	Tous 桃丝熊	Tous Touch 亲亲桃丝熊	220/50ml EDT	花果香型	女士	306
3	Alessandro Dell' Acqua 亚历山德罗·戴拉夸	Alessandro Dell' Acqua 同名女香	210/50ml EDT	东方花香型	女士	27
4	Alessandro Dell' Acqua 亚历山德罗·戴拉夸	Woman In Rose 玫瑰女人心	210/50ml EDT	绿植花香型	女士	28
6	Alfred Sung 阿尔弗莱德·宋	Jewel 冰钻	210/50ml EDP	花香型	女士	30
10	Anna Sui 安娜苏	Sui Love 蝶恋	210/50ml EDT	花香型	女士	35
50	Calvin Klein 卡尔文·克莱恩	Euphoria Spring Temptation 迷情晶莹（春色诱惑）	210/50ml EDP	花香型	女士	76
103	Emanuel Ungaro 伊曼纽尔·恩格罗	Apparition 瓶中精灵	210/50ml EDP	花果香型	女士	126
210	Lulu Guinness 露露·吉尼斯	Lulu Guinness 同名女香	210/50ml EDP	绿植花香型	女士	232
211	Lulu Guinness 露露·吉尼斯	Cast A Spell 魔咒	210/50ml EDP	木质东方香型	女士	232
281	Tous 桃丝熊	Baby Tous 乖乖桃丝熊	210/100ml EDC	花果香型	儿童	307
11	Anna Sui 安娜苏	Dolly Girl 洋娃娃	200/50ml EDT	花果香型	女士	36
26	Bijan 毕坚	Bijan 同名女香	200/50ml EDT	东方花香型	女士	54
27	Blumarine 布鲁玛琳	Bellissima 美丽	200/50ml EDP	木质花香型	女士	55
39	Bvlgari 宝格丽	Aqva Pour Homme 碧蓝（水能量）	200/50ml EDT	柑橘水生香型	男士	65

编号	品牌	香水	网购参考价	香型	适用	页码
70	Christian Lacroix 克里斯丁·拉克鲁瓦	Eau Floral 花之水	200/35ml EDT	花香型	女士	98
79	Davidoff 大卫杜夫	Adventure 探险（追风骑士）	200/50ml EDT	木质辛香型	男士	107
84	Diesel 迪赛	Zero Plus Masculine 水深火热	200/75ml EDT	木质东方香型	男士	110
116	Giorgio Armani 乔治·阿玛尼	Emporio Armani Lui 他	200/50ml EDT	木质花香型	男士	140
128	Gres 格蕾丝	Caline 可爱	200/50ml EDT	花果香型	女士	148
137	Guerlain 娇兰	Aqua Allegoria Foliflora 花草水语系列—花漾	200/75ml EDT	花香型	女士	155
141	Harajuku Lovers 原宿娃娃	G 时尚娃娃冬季限量	200/30ml EDT	花果香型	女士	161
142	Harajuku Lovers 原宿娃娃	Love 爱心娃娃冬季限量	200/30ml EDT	花香型	女士	162
153	Hugo Boss 胡戈·波士	Hugo 优客	200/40ml EDT	绿植香型	男士	174
171	Jennifer Lopez 珍妮佛·洛佩兹	My Glow 天使爱	200/50ml EDT	木质花香型	女士	193
179	Karl Lagerfeld 卡尔·拉格菲尔德	Sun Moon Stars 日月星	200/50ml EDT	东方花果香型	女士	202
181	Kenzo 高田贤三	Flower by Kenzo 一枝花	200/30ml EDT	东方花果香型	女士	204
183	Kenzo 高田贤三	KenzoAmour 千里之爱	200/50ml EDP	木质花香型	女士	206
200	Lanvin 兰文	Rumeur 谣言	200/50ml EDP	木质花香型	女士	224
201	Lanvin 兰文	Rumeur 2 Rose 玫瑰谣言	200/50ml EDP	花果香型	女士	225
220	Moschino 莫斯奇诺	Funny! 爱情趣	200/50ml EDT	花果香型	女士	240
222	Moschino 莫斯奇诺	Cheap & Chic Light Clouds 流云	200/50ml EDT	木质花香型	女士	241
237	Paul Smith 保罗·史密斯	London Women 伦敦	200/30ml EDP	东方木质香型	女士	258
249	Roberto Verino 罗伯特·维利诺	VV 薇薇	200/50ml EDP	绿植花香型	女士	272
254	Salvador Dali 萨尔瓦多·达利	Salvador Dali 同名女香	200/50ml EDT	东方花香型	女士	278
258	Salvatore Ferragamo 萨尔瓦多·菲拉格慕	Incanto 美梦成真（水晶鞋）	200/50ml EDP	木质东方香型	女士	282
282	Tous 桃丝熊	Tous H$_2$O 自然之水	200/50ml EDT	水生花香型	女士	307
288	Versace 范思哲	Versace Woman 范思哲女士	200/50ml EDP	木质花香型	女士	314
289	Versace 范思哲	Versace Man Eau Fraiche 风淡云轻	200/50ml EDT	木质水生香型	男士	314
297	Yves Saint Laurent 伊夫·圣·罗兰	Baby Doll 情窦	200/50ml EDT	花果香型	女士	323

编号	品牌	香水	网购参考价	香型	适用	页码
		100元-199元				
225	Nina Ricci 莲娜丽姿	L'Air du Temps 比翼双飞（光阴的味道）	190/30ml EDT	花香型	女士	245
247	Roberto Cavalli 罗伯特·卡沃利	Serpentine 蜿蜒	190/30ml EDP	东方花香型	女士	270
16	Azzaro 阿莎罗	Eau Belle D'Azzaro 贝尔泡泡（晨露）	180/50ml EDT	柑橘花香型	女士	42
18	Azzaro 阿莎罗	Azzura 阿苏娜	180/50ml EDT	花果香型	女士	45
19	Azzaro 阿莎罗	Pure Vetiver 纯净香根草	180/40ml EDT	木质香型	男士	46
41	Bvlgari 宝格丽	Omnia Green Jade 晶翠纯香（绿水晶）	180/40ml EDT	水生花香型	女士	66
74	David & Victoria Beckham 贝克汉姆	Intimately Beckham men 亲密贝克汉姆（迷人小贝）	180/50ml EDT	木质辛香型	男士	103
77	Davidoff 大卫杜夫	Silver Shadow 银影	180/30ml EDT	木质东方香型	男士	106
83	Demeter Fragrance Library 气味图书馆	Cosmopolitan Coctail 欲望城市鸡尾酒	180/30ml EDC	美食香型	中性	109
121	Giorgio Beverly Hills 乔治·比佛利山	G	180/50ml EDP	花果香型	女士	143
127	Gres 格蕾丝	Cabochard 倔强	180/50ml EDT	西普皮革香型	女士	147
129	Gres 格蕾丝	Ambre de Cabochard 倔强琥珀	180/50ml EDT	东方香型	女士	148
170	Jennifer Lopez 珍妮佛·洛佩兹	Deseo Forever 定情石	180/50ml EDT	花果香型	女士	192
217	Morgan 摩根	Love de Toi 恋爱物语	180/60ml EDT	花果香型	女士	238
218	Morgan 摩根	Sweet Paradise 甜蜜天堂	180/60ml EDT	花果香型	女士	238
219	Moschino 莫斯奇诺	Cheap & Chic I Love Love 爱恋爱	180/50ml EDT	花果香型	女士	239
238	Paul Smith 保罗·史密斯	Paul Smith Floral 花朵	180/30ml EDP	花香型	女士	259
246	Roberto Cavalli 罗伯特·卡沃利	Roberto Cavalli 同名女香	180/40ml EDP	木质花香型	女士	269
253	Romeo Britto 罗密欧·布里托	Britto Woman 布里托女香	180/30ml EDP	木质东方香型	女士	276
260	Salvatore Ferragamo 萨尔瓦多·菲拉格慕	Incanto Bloom 蝶忆绽放	180/50ml EDT	花香型	女士	284
270	Tartine et Chocolat 派与巧克力	Ptisenbon 小熊宝宝	180/50ml EDT	柑橘花香型	儿童	296
271	Tartine et Chocolat 派与巧克力	Ptisenbon Lemon Pie 柠檬派	180/50ml EDT	柑橘美食香型	女士	297
272	Tartine et Chocolat 派与巧克力	Ptisenbon Into the Wind 风中宝宝	180/50ml EDT	清新花果香型	女士	298
287	Versace 范思哲	Red Jeans 红牛仔	180/75ml EDT	花果香型	女士	313

编号	品牌	香水	网购参考价	香型	适用	页码
49	Calvin Klein 卡尔文·克莱恩	CK IN2U 因为你	170/50ml EDT	东方花香型	女士	75
80	Demeter Fragrance Library 气味图书馆	Laundromat 洗衣间	170/30ml EDC	不详	中性	108
81	Demeter Fragrance Library 气味图书馆	Wet Garden 雨后花园	170/30ml EDC	花香型	中性	108
82	Demeter Fragrance Library 气味图书馆	Chocolate Chip Cookie 巧克力曲奇	170/30ml EDC	美食香型	中性	109
101	Elizabeth Taylor 伊丽莎白·泰勒	Diamonds and Sapphires 珍钻蓝宝石	170/50ml EDT	花果香型	女士	124
221	Moschino 莫斯奇诺	Glamour 魅惑	170/30ml EDP	木质花香型	女士	240
76	Davidoff 大卫杜夫	Cool Water Woman 冷水美人	160/50ml EDT	水生花香型	女士	105
169	Jennifer Lopez 珍妮佛·洛佩兹	Live 活力（珍爱）	160/50ml EDP	花果香型	女士	191
177	Kaloo 卡露儿	Blue 蓝色小熊	160/50ml EDS	花果香型	儿童	200
178	Kaloo 卡露儿	Lilirose 粉柔莉莉	160/50ml EDS	花果香型	儿童	201
278	Torrente 图兰朵	My Torrente 我的图兰朵	160/30ml EDP	花果香型	女士	304
279	Torrente 图兰朵	L'Or Rouge 火红金叶	160/30ml EDP	花果香型	女士	305
24	Benetton 贝纳通	Cold 冷水	150/100ml EDT	柑橘香型	中性	52
25	Benetton 贝纳通	Hot 热水	150/100ml EDT	东方香型	中性	53
33	Burberry 巴宝莉	Baby Touch 绵羊宝宝	150/50ml EDT	柑橘香型	儿童	59
47	Calvin Klein 卡尔文·克莱恩	CK one	150/50ml EDT	柑橘香型	中性	74
48	Calvin Klein 卡尔文·克莱恩	CK be	150/50ml EDT	木质花香型	中性	75
78	Davidoff 大卫杜夫	Cool Water Game for Man 冷水酷玩男香	150/30ml EDT	水生香型	男士	106
99	Elizabeth Arden 伊丽莎白·雅顿	Red Door Velvet 丝绒红门	150/30ml EDP	花果香型	女士	122
255	Salvador Dali 萨尔瓦多·达利	Little Kiss 轻吻	150/30ml EDT	花果香型	女士	279
256	Salvador Dali 萨尔瓦多·达利	Purplelight 浅紫红唇	150/50ml EDT	木质花香型	女士	279
161	Jaguar 捷豹	Jaguar 捷豹	140/40ml EDT	蕨香型	男士	183
168	Jennifer Lopez 珍妮佛·洛佩兹	Glow 闪亮之星	130/30ml EDT	花香型	女士	190
300	4711	4711	130/60ml EDC	柑橘香型	中性	326
75	Davidoff 大卫杜夫	Cool Water 冷水	120/40ml EDT	水生香型	男士	104
98	Elizabeth Arden 伊丽莎白·雅顿	Arden Beauty 美人	120/50ml EDP	绿植花香型	女士	122
97	Elizabeth Arden 伊丽莎白·雅顿	Green Tea 绿茶	110/50ml EDP	柑橘香型	女士	121

图书在版编目（CIP）数据

香水鉴赏购买指南／金属巧克力编著.
—西安：陕西师范大学出版总社有限公司，2011.4
ISBN 978-7-5613-5548-0

Ⅰ. ①香… Ⅱ. ①金… Ⅲ. ①香水－鉴赏－指南 ② 香水－选购－指南
Ⅳ. ①TQ658.1-62

中国版本图书馆 CIP 数据核字（2011）第 055183 号
图书代号：SK11N0480

丛书主编／黄利　监制／万夏
项目创意／设计制作／紫图图书ZITO®
特约编辑／焦焘
纠错热线／010-64360026-180

香水鉴赏购买指南

金属巧克力／编著

责任编辑／周宏
出版发行／陕西师范大学出版社
经销／新华书店
印刷／北京市兆成印刷有限责任公司
版次／2011 年 6 月第 1 版
印次／2012 年 2 月第 4 次印刷
开本／787 毫米 ×1092 毫米　1/16　22 印张
字数／150 千字
书号／ISBN 978-7-5613-5548-0
定价／68.00 元

紫图ZITO是什么？

紫图是北京紫图图书有限公司的简称，ZITO为紫图两个字的国际通行拼读，在古希腊语中，ZITO是激情、美丽、典雅的意思。

我们深信，我们从事的是充满激情和美丽的出版事业。

我们更相信，阅读可以让我们每个人充满激情、梦想和美丽。

ZITO

Z ITO

紫　图

国际通行拼读，
古希腊语中意指激情、美丽、典雅

我们出品的主要品牌

紫图公司创立于2001年10月，8年来已经出品了800多个品种的图书。作为"读图时代"的开创者，我们的图书以图文书为主，引导着中国图文书发展的主要潮流。下面是我们的主要品牌和代表图书，您可以在我们的官方网站（www.zito.cn）上查到我们的全品种图书。

① 中国文化类：读懂中国软实力

标志性品牌和产品

图解经典

图解国学

② 旅游类：人人都可以与梦想同行

标志性品牌和产品

读行天下

"中国自助游"系列　　　"中国古镇游"系列

《中国自助游》自问世以来，连续九年为中国旅游图书销量总冠军

中国古镇游的推动者，2004年荣获德国来比锡书展大奖——中国最美的书

③ **生活类**：改变一点　收获一生

国际大师风水系列

李居明大师系列　　　　李居明2010虎年运程

④ **绘本 漫画类**：生活其实可以不抱怨

超人气绘本

慢世界
经典漫画文学馆

高木直子系列　　　　神之雫　　　　鼠族

⑤ **人文类**：与世界同步读经典

黑镜头
中国的故事

百年畅销版

最经典的报道摄影，震撼中国的影像。读图时代标志性的开始。

经典插图时代的开创者，每本都值得珍藏。

第一时间　　　　圣经的故事

⑥ **宗教文化类**：开启内心的光明

修心坊01

藏密文库

"修心坊"系列　　　　"藏密文库"系列

⑦ **百科知识类**：像图画书一样好看的百科读物

图文大百科
系列

"宝典馆"系列　　　　"图文大百科"系列

三大特征助您认识我们

① 紫图书馆所有的编号体系　　② 您选择的图书品牌

为了让您更便捷、更直观地选择我们出版的图书，我们分别在封面、书脊、封底上都印有紫图的标识，便于您在茫茫书海中一眼就能找到我们出版的图书，更方便您购买后的归类收藏。

意见反馈及质量投诉

紫图图书上的专有标识代表了紫图的品质。如果您有什么意见或建议，可以致电或发邮件给我们，我们有专人负责处理您的意见。对于您提出的可以令我们的图书获得改进的意见或建议，我们将在改版中真诚致谢，或以厚礼相谢；如果您购买的图书有装订质量问题，也可与我们联系，我们将直接为您更换。

联系电话：010—64360026—187　　　联系人：郑小姐

联系邮箱：kanwuzito@163.com

"Brand 名牌"书系有什么特色

Brand名牌系列图书，是一套集鉴赏、购买特点于一身，试图为读者提供最舒适、精致且实用的购物指南系列。涵盖茶叶、香水、葡萄酒、宝石、爱马仕、LV等多样化内容，以详实周全的信息和海量精美图片为特色，让读者可以真正地按书购物。系列图书都与权威机构合作编著，具有很强的指导性，可靠实惠。

《古玩指南第一辑①瓷器拍卖投资指南》
中国第一套完全标注价格的古玩投资图鉴
海量收录400件近年投资热点瓷器
涵盖拍卖市场全部瓷种、年代、器型、拍价
详细提供每件拍品的成交价、年份、拍卖行等实用信息

《古玩指南第一辑②木器拍卖投资指南》
中国第·套完全标注价格的古玩投资图鉴
海量收录400件近年投资热点木器
涵盖拍卖市场全部木种、年代、拍价
详细提供每件拍品的成交价、年份、拍卖行等实用信息

《2011-2012茶叶鉴赏购买指南》
中国茶一本通，全面收录常见茶和小众珍稀茶
权威专家精心著述，最实用的茶叶识别、品鉴、冲泡、选购指南。
彻底让您明白喝茶门道，轻松谈茶论道。

《爱马仕大图鉴——鉴赏购买指南》
2000种爱马仕经典名品、限量珍藏手袋大全集
均标注市场参考价格，提供全球购买方法指导。
提供可以购买到现货的专卖店信息。

《2010-2011进口葡萄酒购买指南》
300瓶年度性价比最高葡萄酒
20余位专业葡萄酒鉴赏大师，盲品对决3000余瓶葡萄酒。
绝佳性价比，真正让你享受得到的美酒指南。

🛒 去哪里购买紫图图书

您所在城市的书店都有我们的图书，如果这些书店缺货，您也可以到下列网站购买：
1. 紫图售书网：http://www.zito.cn
2. 淘宝商城店：http://duxingts.mall.taobao.com
3. 当当购物网：http://www.dangdang.com
4. 卓越亚马逊：http://www.amazon.cn
5. 北发图书网：http://www.beifabook.com
6. 新华文轩网：http://www.winxuan.com